有机光伏材料的
模拟、计算与设计

郑绍辉 著

北 京

冶 金 工 业 出 版 社

2019

内 容 提 要

本书系统讲述了计算和预测有机光伏材料关键参数的理论和方法。主要内容为量子力学基础理论即波函数和密度泛函理论，有机光伏的发展简史，有机分子建模和结构优化，计算其分子前线轨道和能隙、给体受体开路电压，电子吸收光谱计算与模拟，介电常数和激子结合能的预测，运用 Marcus 理论计算电子跃迁速率和电荷复合速率及电子和空穴迁移率。基本涵盖了有机光伏材料的所有关键参数和性能预测。

本书可供从事有机光伏材料计算和实验的研究人员参考，也可作为大学三、四年级的选修课或是研究生（硕士、博士）课程的参考书。

图书在版编目（CIP）数据

有机光伏材料的模拟、计算与设计/郑绍辉著 . —北京：冶金工业出版社，2019.10
ISBN 978-7-5024-8285-5

Ⅰ.①有… Ⅱ.①郑… Ⅲ.①光生伏打效应—有机材料—研究
Ⅳ.①TB322

中国版本图书馆 CIP 数据核字（2019）第 218423 号

出 版 人　谭学余
地　　址　北京市东城区嵩祝院北巷 39 号　邮编　100009　电话　(010)64027926
网　　址　www.cnmip.com.cn　电子信箱　yjcbs@cnmip.com.cn
责任编辑　于昕蕾　美术编辑　彭子赫　版式设计　禹　蕊
责任校对　卿文春　责任印制　牛晓波
ISBN 978-7-5024-8285-5

冶金工业出版社出版发行；各地新华书店经销；三河市双峰印刷装订有限公司印刷
2019 年 10 月第 1 版，2019 年 10 月第 1 次印刷
169mm×239mm；10.75 印张；8 彩页；227 千字；162 页
48.00 元

冶金工业出版社　投稿电话　(010)64027932　投稿信箱　tougao@cnmip.com.cn
冶金工业出版社营销中心　电话　(010)64044283　传真　(010)64027893
冶金工业出版社天猫旗舰店　yjgycbs.tmall.com
（本书如有印装质量问题，本社营销中心负责退换）

前　言

中国人口众多，人均资源匮乏，尤其是石油对外依存度高。因此，为国家安全和解决能源危机考虑，发展绿色可持续能源对中国具有特别重要的意义。有机光伏材料，种类多、能耗低、柔性轻薄、可利用现代化工大规模生产，是当今材料科学的前沿研究领域，是下一代清洁能源材料的有力竞争者。因此，研究其工作机理，并预测其光伏特性对有机光伏研究和产业化具有重要意义。

笔者从事有机光伏理论研究多年，与很多业内科研工作者、一线工程师交流过，深感目前业内对有机光伏材料的研究缺乏系统性理论指导，还处于凭借经验和感性摸索阶段，同时，目前尚无有关系统性理论计算预测有机光伏材料性质的专著。因此，笔者从2015年底开始准备材料，并和多位一线科研工作者、工程师讨论，先后五次改动提纲，最终确定了本书的内容和读者对象。

本书系统讲述了设计有机光伏材料并计算和预测其关键参数的理论和方法。主要内容包含量子力学基础理论即波函数和密度泛函理论，有机光伏的发展简史，有机分子建模和结构优化，计算其分子前线轨道和能隙、给体受体开路电压，电子吸收光谱计算与模拟，介电常数和激子结合能的预测，运用 Marcus 理论计算电子跃迁速率和电荷复合速率及电子和空穴迁移率。基本涵盖了有机光伏材料的所有关键参数和性能预测。需要指出的是，由于本书目的在于光电材料性能预测，所以在量子力学基础和密度泛函理论章节讲述得比较简单，如果读者想进一步了解相关知识，请查阅本书附录所列出参考文献。

本书可供从事有机光伏材料计算和实验的研究人员参考，也可作为大学三、四年级的选修课或是研究生（硕士、博士）课程的参考书。

特点是通俗易懂，重点突出，内容精干，实例较多，可操作性强。本书介绍的计算方法基本涵盖了当前相关研究的最新进展和方法，对实验结果重现性好，为有机光伏材料的性能预测提供了可行的方法和思路。

　　本书主要由我和我的学生们一起完成。第1章由郑绍辉、邱梧珂、徐春林完成，第2章由郑绍辉、徐小萍、张捷完成，第3章由郑绍辉、陈文蓝、王文静完成，第4章由郑绍辉、陈雪、张思远完成，第5章由郑绍辉、徐春林完成。在此对我的学生们致以深深的感谢！没有他们，就没有这本书的出版。

　　本书的出版得到了西南大学材料与能源学院的资助，此外，陈志谦院长的鼓励和支持也是本书得以出版的重要原因，在此，再次深深感谢学校、学院和各位同僚（程南璞、徐茂文、向芸颉、潘欣欣等）。也感谢重庆市"百人计划"和重庆市人社局对我科研工作的支持！最后，感谢有机会一起讨论的专家和学者们：帅志刚、李象远、易院平、邹应萍、陆仕荣、史强、宋群梁、朱权、冯双林、肖泽云、阚志鹏、孙宽、臧志刚、唐孝生、任海生等。

　　感谢我的家人帆、世敏、世嵘，你们是我前进的动力！

　　由于计算方向的新技术、新软件、新方法的快速发展，有机光伏材料的进展也非常快，加之本人水平有限，遗漏或不妥当的地方在所难免，还请同行和读者多多批评指正！

郑绍辉

2019 年 5 月于重庆北碚

目　　录

1 量子力学基础

1.1 量子力学的诞生

19世纪末期，经典物理学理论已经发展得非常完善。当时绝大多数物理学家认为解释世界运行规律的物理定理已经接近完美，他们能做的只是应用这些基本规律来解决实际问题。从宇宙群星的运动到人们身边常见的物理现象，都可以从经典物理学理论中得到很好的解释：当物体机械运动的速度远小于光速时，其过程将准确地遵循牛顿力学规律；电磁现象的规律可用麦克斯韦方程解释；关于热和功也有经典热力学以及玻耳兹曼和吉布斯等人建立的统计力学来解释。

然而，在19世纪末~20世纪初，一系列新的物理化学实验中出现了一些经典物理学无法解释的实验现象。由此为开端，其产生的效应在20世纪初很快发展成席卷整个经典物理学界的飓风。最终在经典物理学的旧址上，诞生了现代自然科学的两大支柱：量子力学和相对论。

第一个事件是高能极短波长的 X 射线的发现。1895年11月，德国科学家伦琴（W. K. Röntgen）发现了穿透力极强的 X 射线，在当时的科学界掀起了一波探索新射线的热潮。1896年3月法国科学家贝克勒尔（A. H. Becquerel）发现铀盐能够自发发出某种未知的辐射。同年5月，他又发现纯铀金属板也能产生这种辐射，从而确认了天然放射性的发生。后来，居里夫妇（P. Curie 和 M. S. Curie）又发现了放射性更强的镭，并将这种辐射正式命名为"放射性"，开创了放射性理论。由此引发的问题是：根据能量守恒定律，一种物质发出射线是需要能量的，但镭和铀既没有发生明显的物理和化学变化，也没有从外界获取能量。那么，放射的能量来源何处？难道能量守恒和转换定律将被推翻？这些问题在当时的科学界引起了极大的争论和反响，一部分物理学家认为要解开放射性的谜团，就必须深入研究原子内部结构。1897年英国物理学家汤姆森（J. J. Thomson）推导出阴极射线存在带负电的粒子。这种微粒现在已经确认为电子。电子的发现打破了长久以来人们认为原子是不可再分的最小微粒的传统观念，揭示了原子同样是具有内部精细结构的实体。

X 射线、天然放射性和电子，19世纪末的这三大发现，对经典物理学造成了极大冲击，使得科学家们开始审视已形成的经典物理学框架。在这样的背景下，旧量子论粉墨登场。随着黑体辐射、光电效应、原子结构与固体低温比容现象的逐步出现，经典物理学表现得力不从心。这些现象凸显了经典物理学在微观世界中的局限性，而旧量子论开始了对这些问题的初步探索。在 20 世纪 20 年代，科学家们在光的波粒二象性的启示下，认识到了波粒二象性的普遍性和普适性，从而进一步抛弃了旧量子论，发展了现代量子力学。

1.1.1　黑体辐射

黑体辐射的问题最早源于 19 世纪末～20 世纪初的德国。当时的德国正在迅速转变为钢铁工业国度，由于精炼钢铁需要精确测量钢铁温度，实践中的问题是：钢铁在不同温度下对应什么颜色的光？而光的颜色是由波长（频率）来标志的，这样，钢铁工业就提出了一个科学问题：光的波长频率与钢铁温度有什么关系？

物理学家们提出了基本物理模型，即假设了"黑体"这个概念。何谓黑体？一般的物体对外来的辐射，都有反射、吸收、透射作用。若物体对外来的一切波长的辐射，在任意温度下都能够全部吸收而不发生反射和透射，则该物体称为绝对黑体，简称黑体。绝对黑体在现实中并不存在，其本身就是一个完美的物理简化模型。但有些物体可以近似地作为黑体来处理，例如，一束光一旦从狭缝（狭缝的尺寸远小于空腔）射入空腔体内，很难再通过该狭缝反射回来，那么这个开着狭缝的空腔体就可以近似看作是黑体。

所有的物体都能发射热辐射，而热辐射和光辐射一样，都是一定频率范围内的电磁波。在常温和低温下，物体一般辐射出不可见的红外波；但在高温下，会辐射出更高能量的可见光、紫外光。黑体是一种物体，当然也应该辐射电磁波。例如：一个用不透明材料制成的开小口的空腔，可以看作是黑体。其开口可以看成是黑体的表面，入射到小孔上的外来辐射，在腔内经多次反射后几乎被完全吸收，当腔壁单位面积在任意时间内所发射的辐射能量与它所吸收的辐射能相等时，空腔与辐射达到平衡。研究平衡时腔内辐射能流密度按波长的分布（或频率的分布）是 19 世纪末物理学界注意的基本问题。

实验测量表明：当腔壁与空腔内部的辐射在某一绝对温度 T 下达到平衡时，单位面积上发出的辐射能与吸收的辐射能相等。频率 $\nu \sim d\nu$ 之间的辐射能量密度 $\rho(\nu)d\nu$ 只与 ν 和 T 有关，与空腔的形状及本身的性质无关，即

$$\rho(\nu)d\nu = F(\nu, T)d\nu \tag{1-1}$$

其中 $F(\nu, T)d\nu$ 表示对任何黑体都使用的某一普通函数，但是不能写出它的具体解析表达式，只能画出它的实验曲线。图 1-1 表示两种不同温度下观察到的 $\rho(\nu)$ 随频率 ν 的变化。

为了解释黑体辐射的能量分布，19 世纪的物理学家利用当时熟知的经典物理学知识做了各种计算，但都没有得到一个和实验结果完全相符的公式。其中，在 1894 年物理学家维恩由经典热力学定律推导出

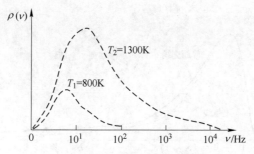

图 1-1　黑体辐射规律的实验曲线

$$\rho(\nu)\,d\nu = \nu^3 f(\nu,T)\,d\nu \tag{1-2}$$

随后他预设一些特定条件，进而得到了维恩辐射公式（Wien's formula）

$$\rho(\nu)\,d\nu = C_1\nu^3 e^{-C_2\frac{\nu}{T}}\,d\nu \tag{1-3}$$

式中，T 为空腔的热力学温度；C_1 和 C_2 为与频率 ν 和温度 T 无关的常数。但是，这个公式只在高频（短波长）部分与实验结果相符，在低频（长波长）部分误差很大。

1900 年物理学家瑞利应用经典电磁学和统计物理推导出一个公式，后来物理学家金斯在 1905 年重新推导了这个公式，更正了瑞利的结果，多出了一个因子 8，即瑞利-金斯辐射公式（Rayleigh-Jeans law）：

$$\rho(\nu)\,d\nu = \frac{8\pi\nu^2}{c^3}k_B T\,d\nu \tag{1-4}$$

式中，k_B 为玻耳兹曼常数；c 为光速。与维恩公式相反，瑞利-金斯公式在低频（长波长）部分与实验符合较好。但由于 $\rho(\nu)$ 与频率 ν 的二次方成正比，所以 $\rho(\nu)$ 随 ν 的增大而单调地增大，在高频（短波长）部分必然趋于无限大，这就是所谓的"紫外灾难"。

黑体辐射问题，在 1900 年，由德国著名理论物理学家普朗克（K. E. L. M. Planck）引进了量子概念才得以解决。这同时也是旧量子力学发展的起点。在瑞利-金斯公式及维恩经验公式的基础上，普朗克进一步分析了实验曲线，得到著名黑体辐射经验公式——普朗克黑体辐射公式，如图 1-2 所示。其出现后，许多实验物理学家立即用它去分析了当时最精确的实验数据，发现公式和实验结果吻合很好，这就促使普朗克进一步去探索其所蕴含的深刻本质。普朗克黑体辐射公式（Planck's law）如下：

$$\rho(\nu)\,d\nu = \frac{8\pi h\nu^3}{c^3} \times \frac{1}{e^{\frac{h\nu}{kT}} - 1}\,d\nu \tag{1-5}$$

普朗克假定，黑体以 $h\nu$ 为能量单位不连续地发散和吸收辐射能量。能量单位 $h\nu$ 称为能量子，h 称为普朗克常数，$h = 6.626 \times 10^{-34}\,\text{J·s}$。

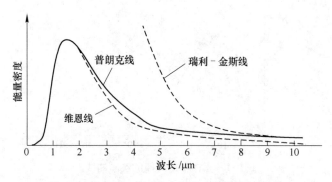

图 1-2　维恩线、瑞利-金斯线和普朗克线的对比

这是人类第一次认识到能量量子化这种现象。能量子假说是对经典物理学的巨大冲击，它最终导致了量子力学的诞生。普朗克在无意中成为量子力学奠基人之一（量子力学发展历史请大家自行查阅）[1-4]。

1.1.2　光电效应

经典物理学无法解释的另外一个实验现象是光电效应。1887 年德国物理学家赫兹（H. R. Hertz）在研究两个电极之间的放电现象（作为电磁波源）时发现，用紫外光照射电极时，放电强度会增加。当时对产生这个现象的原因还不清楚，直到 1897 年，英国物理学家汤姆森（J. J. Thomson）发现电子之后，才认识到这是由于紫外线的照射，使金属电极表面有电子逸出，因而加大了放电强度。这种金属受到光（紫外或可见光）照射时，从表面逸出电子的现象叫光电效应，逸出的电子叫光电子[5,6]。

光电效应有以下经典电磁学无法解释的现象：

首先，从光开始照射金属电极到光电子的产生，几乎是同步的（其时间间隔小于 10^{-9} s）。按照电磁理论，电子只能在某个面积（约为原子半径所做的圆面）内吸收入射到金属表面的电磁波能量。而电磁波的能量是均匀地分布在整个波阵面上的，如果入射光足够弱，那么从光入射到金属表面开始，到光电子产生的时刻，应该会有一个可测量出来的时间延迟。在这个时间间隔内，电子不断从入射光中吸收积累电磁波能量，直到它能逸出金属表面为止。

其次，光电子的动能与入射光强无关，反而与入射光的频率成正比（光强只影响光电子的数目）。但是按照经典电磁理论来看，电子在电场中受力为 eE（E 为电场强度；e 为电子电荷），入射光越强，电场强度 E 就越大，相应的电子受力越大，加速越快，同样时间的照射后，动能就越大，而入射光的频率不应该影响电子的动能。

最后，要产生光电效应，入射光的频率必须大于某个频率 ν_0（截止频率）。

如果 $\nu < \nu_0$，则无论光强多大，照射时间多长，光电效应都不会发生。而电磁理论为，只要入射光强足够大，或照射时间足够长，不管光的波长频率，总能使电子获得足够的动能以逸出金属表面，从而发生光电效应。

为解释光电效应，1905 年，爱因斯坦（A. Einstein）将普朗克的能量子假设应用到光电效应的解释中，提出了光量子的概念。爱因斯坦提出，辐射能量本身就是量子化的，即在空间传播的电磁波并不是连续的，而是由一个个不可分割的光量子集中组成的，每个光量子的能量 E 与辐射场频率 ν 的关系是

$$E = h\nu \quad \text{或} \quad E = \hbar\omega \tag{1-6}$$

式中，$\hbar$ 为约化普朗克常数；ω 为角速度。

根据相对论中的能量-动量关系式

$$E^2 = m_0^2 c^4 + p^2 c^2 \tag{1-7}$$

光子以光速 c 运动，其中 $m_0 = 0$，即光子的静止质量为零。因而光子的能量-动量关系式为

$$p = E/c \tag{1-8}$$

将式 1-6 代入式 1-8 中，得

$$p = h\nu/c = h/\lambda \quad \text{或} \quad \boldsymbol{p} = \frac{2\pi\hbar}{\lambda}\boldsymbol{n} = \hbar\boldsymbol{k} \tag{1-9}$$

这就是光子动量 $\boldsymbol{p}$ 与辐射场的波长 λ（或波矢 $\boldsymbol{k}$）的关系式。式 1-6 和式 1-9 又叫做普朗克-爱因斯坦关系式。

爱因斯坦对于光电效应的解释是：当光子照射到金属表面，由于金属中离域电子很多，一个光子的能量可能立即被一个电子吸收（两个或多个光子同时被一个电子吸收的可能性有，但很小），但只有入射光的频率足够大，即光量子能量超过某个阈值时，电子才可能克服金属表面的吸引而逸出成为自由电子。光电子逸出后，根据能量守恒定律，它的动能应该为

$$\frac{1}{2}m\nu_{\mathrm{m}}^2 = h\nu - A \tag{1-10}$$

式中，m 为光电子的质量；ν_{m} 为电子逸出金属表面后的速度；A 为金属的逸出功。上式叫做爱因斯坦公式或爱因斯坦光电效应方程。

按照这个光量子理论，可以解释经典电磁学无法解释的所有问题：首先，无论光强如何，每个光子的能量不变，只要入射光一照射到金属表面，某个光子的能量便立刻全部交给某个电子。如果光量子的能量能使其逸出金属表面，则中间不需要时间延迟来积累能量。其次，参照公式 1-10，光电子的动能与入射光的光强无关，对于同一种金属（逸出功 A 为常数），其只与入射光的频率 ν 成正比。入射光强增大时，只使入射光中的光子数目增加，因而使产生的光电子数目增加，即光电流变大。最后，在式 1-10 中令 $A = h\nu_0$，ν_0 就是光电效应的截止频率。

当入射频率 $\nu < \nu_0$ 时，无论光强多大，照射时间多长，单个电子从单个光子得到的能量都不足以克服金属的逸出功，因而无法观测到光电效应。只有当 $\nu \geq \nu_0$ 时，电子才能获得足够的能量，满足逸出功，成为自由电子。

爱因斯坦的光量子理论能够合理解释光电效应，其后，康普顿散射实验进一步验证了其正确性[7]。

1.1.3　原子结构与玻尔的旧量子论

经典物理学无法解释的另外一个现象是氢原子的电子结构。

1897 年英国物理学家汤姆森（J. J. Thomson）发现了电子，并且确定电子是原子的组成部分之一。但当时对于原子的构成仍然不清楚。1904 年汤姆森提出原子结构的"西瓜"模型：正电荷均匀分布在整个原子内，而电子则西瓜子似地均匀分散在原子内部，这样的结构满足原子电中性要求，正负电荷总量相等，且电子在其平衡位置附近振动，辐射各种波长的电磁波。

为验证"西瓜"模型，英国实验物理学家卢瑟福（E. Rutherford）等人进行了著名的 α 粒子（两个中子和两个质子构成的高能正离子）散射实验。结果表明，当 α 粒子被金属铂原子散射时，出现了偏转，且少量 α 粒子的偏转角高达近 180°。如果"西瓜"模型是正确的，这种偏转不可能发生。这充分说明正电荷在原子内部是高度集中且体积应该很小。据此，1911 年卢瑟福提出原子组成应该有带正电的核心，即原子核。一个原子的正电荷和几乎全部质量应该集中于原子核，轻的电子环绕在重原子核做轨道运动，原子半径由电子轨道决定。

卢瑟福的这种核式模型对经典电动力学提出了极大的挑战，因为按经典电磁理论，电子绕核的轨道运动不停改变方向，是一种加速运动，而电荷的加速运动会辐射电磁波，根据能量守恒定律，电子的运动轨道会不断接近带正电的原子核，计算表明，一个半径为 10^{-10} m 的原子，电子绕核运动，10^{-12} s 后电子就会和核碰撞，这样原子根本不稳定，整个物质世界都不可能稳定存在。但现实是，绝大多数原子（非放射性原子）是稳定的。

1913 年，丹麦物理学家玻尔（N. H. D. Bohr）为回答原子为什么能够稳定存在，将量子概念引入，提出了玻尔原子量子论。玻尔认为电子做轨道运动环绕原子核运动，但原子能够稳定存在，是基于以下假设：

首先，轨道量子化——电子只能在一些特定的轨道上环绕原子核运动，并且不辐射能量。当电子在某些特定轨道上运动时，原子的这些具有确定能量的状态叫定态。其定态角动量满足条件：

$$mvr = n\frac{h}{2\pi} \quad (n = 1, 2, 3, \cdots) \tag{1-11}$$

式中，v 为电子运动的速度；r 为电子轨道半径；m 为电子的质量；n 只能为正整数，并不连续。这种不连续的（量子化）轨道将导致电子能量值也是不连续的（量子化），其电子轨道图像如图 1-3 所示。

其次，电子的轨道跃迁只能发生在两个定态之间，并会发射特定频率 ν_{ij} 的电磁波：

$$\nu_{ij} = \frac{|E_i - E_j|}{h} \tag{1-12}$$

定态和电子轨道跃迁假设解答了原子为什么能稳定存在的问题，但这是对经典物理学的否定，因为经典物理学无法解释这两个假设的正确性。玻尔提出的这两个假设是量子力学的基础。它们正确解释了原子核结构的稳定性问题，也解释了氢原子或类氢原子线状光谱的实验现象。

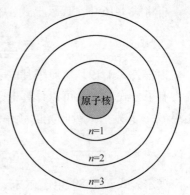

图 1-3　玻尔电子轨道

以氢原子为例，质子（氢原子核）质量是电子质量的 1836 倍，根据圆周运动方程，并假设原子核近似不动，于是有向心加速度和向心力的关系：

$$\frac{m\nu^2}{r} = \frac{e^2}{r^2} \tag{1-13}$$

式中，r 为圆周运动轨道半径；m 和 ν 为电子质量和速度。根据玻尔的定态假设式1-11 得

$$m\nu r = n\hbar \tag{1-14}$$

有了 $\nu = \dfrac{n\hbar}{mr}$，将 ν 代入式 1-13 中，得

$$m \frac{n^2 \hbar^2}{m^2 r^3} = \frac{e^2}{r^2} \tag{1-15}$$

即得 $\qquad\qquad r_n = \dfrac{n^2 \hbar^2}{me^2} = n^2 a_0 \quad (n = 1,2,3,\cdots) \tag{1-16}$

式中，$a_0 = \dfrac{\hbar^2}{me^2} = 0.529177 \times 10^{-10}\mathrm{m}$，称为第一玻尔轨道半径，由式 1-16 可推出氢原子中电子运动轨道是不连续的，也叫做轨道半径量子化。

而电子与氢原子核的势能为 $-\dfrac{e^2}{r}$（r 取无限远变为自由电子后库仑势能为零），而由式 1-13 知，电子的动能为

$$\frac{1}{2}m\nu^2 = \frac{e^2}{2r} \tag{1-17}$$

推出电子总能量为

$$E = \frac{e^2}{2r} + \left(-\frac{e^2}{r} \right) = -\frac{e^2}{2r} \tag{1-18}$$

再将式 1-16 中 r 代入上式，有

$$E_n = -\frac{me^4}{2n^2\hbar^2} \quad (n = 1,2,3,\cdots) \tag{1-19}$$

根据公式 1-19，氢原子其电子能量是量子化的（不连续），n 称为主量子数。

有了公式 1-19，可以计算电子跃迁的频率波长，可知电子由能级 E_i 跃迁到能级 E_j，其发射或吸收光的频率应该是

$$\nu = \frac{|E_i - E_j|}{h} = \frac{me^4}{2\,i^2\hbar^2} - \frac{me^4}{2\,j^2\hbar^2} \quad (i = 1,2,3,\cdots,j = 2,3,\cdots,i < j) \tag{1-20}$$

玻尔公式和 1889 年巴尔末、里德伯等人得到的氢原子光谱线频率的经验公式：

$$\nu = Rc\left(\frac{1}{i^2} - \frac{1}{j^2} \right) \quad (i = 1,2,3,\cdots,j = 2,3,\cdots,i < j) \tag{1-21}$$

联合，可知里德伯常数 R 的表达式为

$$R = \frac{me^4}{2\hbar^2 c} = 1.0973731 \times 10^7\,\mathrm{m}^{-1} \tag{1-22}$$

玻尔公式计算的 R 理论值和实验值 $1.0967758 \times 10^7\,\mathrm{m}^{-1}$ 吻合得很好，如果加入原子核的运动的影响，理论值可以进一步矫正，与实验值误差更小。

玻尔理论对最简单的氢原子及其相关实验现象有很好的解释，从而为探索更复杂的原子及其电子分布也提供了基本思路和原理，同时也使人类对原子结构认识有了巨大的飞跃。

玻尔理论的巨大成功成就了旧量子论（在经典物理学里强行加入能量量子化的假设），但也暴露出其存在的严重缺陷。玻尔理论无法计算多电子（电子数 ≥2 个）体系的能级和谱线频率，也无法计算氢原子光谱的强度。电子圆周运动为什么能够违反经典电磁学不辐射能量也无法解释。以上都表明玻尔理论需要进一步完善，根本上讲，玻尔理论是不彻底的，是旧衣服上的新补丁。1923 ~ 1927 年，物理和化学学家们进一步，确认了物质的波粒二象性，进而建立了全新的统一微观和宏观世界的量子力学。

1.1.4　微粒的波粒二象性

如前所述，光同时具有微粒和波的双重性质，这种性质称为波粒二象性。普朗克的黑体辐射公式和爱因斯坦的光电效应理论揭示了光的微粒性，但并不否定光的波动性，光的干涉、衍射等实验现象完全证实了光也是一种波。那么这种波粒二象性是否具有普适性呢？

1924 年法国物理学家德布罗意（L. V. de Broglie）提出了著名的假设：和光子一样，任意实物粒子都具有波粒二象性，即也是物质波。实物粒子和物质波的联系如公式 1-6 和公式 1-9 一样。这个假设明显是由普朗克-爱因斯坦光量子论激发的灵感，德布罗意假定：能量为 E，动量为 p 的实物粒子（电子、质子、原子等）相联系的物质波的频率 ν 和波长 λ（或波矢 k）之间也应该满足

$$E = h\nu = \hbar\omega \quad \text{或} \quad p = \frac{h}{\lambda}\boldsymbol{n} = \hbar\boldsymbol{k} \tag{1-23}$$

这就是著名的德布罗意关系式，其表达的是与实物粒子相联系的物质波，称之为德布罗意波。对于静止质量不为零的粒子，要求出相应物质波的波长和频率必须两个独立的关系式：$\lambda = h/p$ 和 $\nu = E/h$。普朗克常数 h，毫无疑问，在波粒二象性中扮演最重要的角色，而波粒二象性是微观粒子量子化的根源，所以普朗克常数也是量子力学最重要的参数。另外需要指出的是，只有在非相对论极限下，$E = \dfrac{p^2}{2m}$ 等自由粒子的经典力学关系式才成立。德布罗意关系式 1-23 中的能量 E 和动量为 p 都是相对论性的物理量。一个典型例子是，在电场中被电压加速的电子，其德布罗意波的波长，只有当电子的速度远小于光速时，才可采用非相对论的关系式

$$\lambda = \frac{h}{p} = \frac{h}{\sqrt{2mE}} = \frac{h}{\sqrt{2meV}} \approx \frac{12.25}{\sqrt{V}} \tag{1-24}$$

用 10000V 电压所加速的电子，相应的德布罗意波长为 0.1225×10^{-10} m。此时，电子的波长比晶体中原子间距小几个数量级，当然远小于宏观物体，难以用肉眼甚至仪器观测，因此电子的波动性很难被直观测量。

对于自由粒子，其能量和动量都是常量，相对应的德布罗意波的频率 ν 和波长 λ（式 1-24）当然是常量，所以是单色平面波，其沿单位矢量 $\boldsymbol{n}$ 方向传播的表达式为

$$\Psi(\boldsymbol{r},t) = A\mathrm{e}^{i(\boldsymbol{k}\cdot\boldsymbol{r}-\omega t)} \tag{1-25}$$

将公式 1-24 代入上式，自由粒子德布罗意波可表述为

$$\Psi(\boldsymbol{r},t) = A\mathrm{e}^{\frac{i}{\hbar}(\boldsymbol{p}\cdot\boldsymbol{r}-Et)} \tag{1-26}$$

1927 年，美国物理学家戴维逊（C. J. Davisson）的电子衍射实验证实了德布罗意波确实存在，其实验装置如图 1-4 所示。电子束从垂直方向入射到镍单晶体的表面上，然后被散射，散射电子用接收器接收，改变接收器的位置就能测出不同角方向散射电子束的强度。

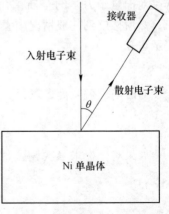

图 1-4　戴维逊电子衍射装置

电子如果是波，那么散射看成是电子波的衍射，则根据衍射公式，衍射射线的波长和角度（50°）的关系为

$$n\lambda = d\sin\theta \tag{1-27}$$

式中，$d = 2.15 \times 10^{-10}$ m 为镍的晶格间距；n 为衍射的级次（$n = 0$，1，2，…）；θ 为入射角。取 $n = 1$ 得

$$\lambda = 2.15\sin50° \approx 1.65 \times 10^{-10} \text{m} \tag{1-28}$$

这就是由实验测得的衍射电子波的波长。

另外，按照德布罗意关系式，代入电子的加速电压为 54V，相应的计算值和实验值基本吻合：

$$\lambda = \frac{12.25}{\sqrt{V}} \times 10^{-10} = \frac{12.25}{\sqrt{54}} \times 10^{-10} = 1.65 \times 10^{-10} \text{ m} \tag{1-29}$$

戴维逊的电子衍射实验证实了物质粒子（电子）波动性的客观存在，也定量地证明了德布罗意关系式是正确的。类似的，实验证实，微观粒子例如电子、质子、中子以及各种原子和分子都具有波动性。由此可知，波粒二象性是实物粒子的普遍属性。

1.2 薛定谔方程

由经典牛顿力学可知，描述质点运动需要时间、受力、坐标和速度等参数，质点的运动方程即可用牛顿运动方程描述。然而，在微观世界，实物粒子普遍具有波动性，那么宏观的牛顿力学就不再适用，必须使用量子力学。微观粒子的状态必须用波函数来描述。就是说，决定其状态变化的方程不再是牛顿运动方程，而是薛定谔方程（狄拉克的矩阵力学[8]也可以描述，感兴趣的读者可以自行查阅参考文献）。

奥地利物理学家薛定谔（E. Schrödinger），是量子力学的奠基人之一，其工作是对旧量子力学的全新革命。他的工作是先从波函数已知的简单自由粒子开始，然后推广到一般情况中去。自由粒子的波函数是单色平面波，由德布罗意波表示可知

$$\Psi(\boldsymbol{r}, t) = A e^{\frac{i}{\hbar}(\boldsymbol{p} \cdot \boldsymbol{r} - Et)} \tag{1-30}$$

对时间求偏微商，可得

$$\frac{\partial \Psi}{\partial t} = -\frac{i}{\hbar} E \Psi \tag{1-31}$$

如果对坐标求二次偏微商，可得

$$\frac{\partial^2 \Psi}{\partial x^2} = -\frac{A p_x^2}{\hbar^2} e^{\frac{i}{\hbar}(p_x x + p_y y + p_z z - Et)} = -\frac{p_x^2}{\hbar^2} \Psi \tag{1-32}$$

同理有

$$\frac{\partial^2 \Psi}{\partial y^2} = -\frac{p_y^2}{\hbar^2}\Psi \quad \text{和} \quad \frac{\partial^2 \Psi}{\partial z^2} = -\frac{p_z^2}{\hbar^2}\Psi \qquad (1\text{-}33)$$

将以上三式相加，得

$$\frac{\partial^2 \Psi}{\partial x^2} + \frac{\partial^2 \Psi}{\partial y^2} + \frac{\partial^2 \Psi}{\partial z^2} = \nabla^2 \Psi = -\frac{p^2}{\hbar^2}\Psi \qquad (1\text{-}34)$$

自由粒子的能量和动量关系为

$$E = \frac{p^2}{2\mu} \qquad (1\text{-}35)$$

式中，μ 为实物粒子的质量。比较式 1-31 和式 1-34，可得

$$i\hbar \frac{\partial \Psi}{\partial t} = -\frac{\hbar^2}{2\mu}\nabla^2 \Psi \qquad (1\text{-}36)$$

式 1-31 和式 1-34 可改写为如下形式：

$$E\Psi = i\hbar \frac{\partial \Psi}{\partial t} \qquad (1\text{-}37)$$

$$(\boldsymbol{p} \cdot \boldsymbol{p})\Psi = (-i\hbar \nabla) \cdot (-i\hbar \nabla)\Psi \qquad (1\text{-}38)$$

式中，∇ 为劈形算符，并有

$$\nabla = \boldsymbol{i}\frac{\partial}{\partial x} + \boldsymbol{j}\frac{\partial}{\partial y} + \boldsymbol{k}\frac{\partial}{\partial z} \qquad (1\text{-}39)$$

由式 1-37 和式 1-38 可知，粒子动量 $\boldsymbol{p}$ 和能量 E 分别对应下列作用在波函数上的算符：

$$\boldsymbol{p} \rightarrow -i\hbar \nabla, E \rightarrow i\hbar \frac{\partial}{\partial t} \qquad (1\text{-}40)$$

因此，这两个算符分别被称为动量算符和能量算符。

如果考虑更复杂的情况，例如在外加势场中，实物粒子的波函数。设粒子在势场中的势能为 $U(\boldsymbol{r})$，则有粒子的能量为动能和势能之和。

$$E = \frac{p^2}{2\mu} + U(\boldsymbol{r}) \qquad (1\text{-}41)$$

上式两边乘以波函数 $\Psi(\boldsymbol{r}, t)$，代入能量和动量算符则有

$$i\hbar \frac{\partial \Psi}{\partial t} = -\frac{\hbar^2}{2\mu}\nabla^2 \Psi + U(\boldsymbol{r})\Psi \qquad (1\text{-}42)$$

这就是著名的薛定谔波动方程，或称为波动方程、薛定谔方程。它描写实物粒子在势场 $U(\boldsymbol{r})$ 中状态随时间的变化。

现在来讨论薛定谔方程式 1-42 的解。目前只讨论 $U(\boldsymbol{r})$ 不随时间变化的情况（$U(\boldsymbol{r})$ 当然可以是时间的函数）。

薛定谔方程式 1-42 的一种特解（分离变量法）是

$$\Psi(\boldsymbol{r}, t) = \psi(\boldsymbol{r})f(t) \qquad (1\text{-}43)$$

数学上方程式 1-42 的解可以表示为许多这种特解之和。将上式代入方程式 1-42 中，然后两边同除 $\psi(r)f(t)$，有

$$\frac{i\hbar}{f} \times \frac{\partial f}{\partial t} = \frac{1}{\psi}\left[-\frac{\hbar^2}{2\mu}\nabla^2\psi + U(r)\psi\right] \tag{1-44}$$

而 t 和 r 是相互独立的变量，分离后左边只是 t 的函数，右边只是 r 的函数。所以，数学上只有左右为同一常量时，等式才成立。假定常量为 E，则有

$$i\hbar\frac{\partial f}{\partial t} = Ef \tag{1-45}$$

$$-\frac{\hbar^2}{2\mu}\nabla^2\psi + U(r)\psi = E\psi \tag{1-46}$$

一阶微分方程式 1-45 的数学解是

$$f(t) = Ce^{-\frac{iE}{\hbar}t} \tag{1-47}$$

C 为任意常数。代入式 1-43 中，得到薛定谔方程式 1-42 特解为

$$\Psi(r,t) = \psi(r)e^{-\frac{iE}{\hbar}t} \tag{1-48}$$

这个波函数，其角频率是 $\omega = \dfrac{E}{\hbar}$，是时间的正弦函数。依据德布罗意关系式，$E$ 是体系处于这个波函数所确定状态时的能量。由此可见，体系处于式 1-48 描述的态时，能量具有确定值，所以这种状态称为定态。式 1-48 因此称为定态波函数。方程式 1-46 称为定态薛定谔方程。

以 $\psi(r)$ 乘方程式 1-45 两边，$e^{-\frac{iE}{\hbar}t}$ 乘式 1-46 两边，有

$$i\hbar\frac{\partial\Psi}{\partial t} = E\Psi \tag{1-49}$$

$$\left[-\frac{\hbar^2}{2\mu}\nabla^2 + U(r)\right]\Psi = E\Psi \tag{1-50}$$

这两个方程都是算符（在式 1-49 中 $i\hbar\dfrac{\partial}{\partial t}$，在式 1-50 中是 $\left[-\dfrac{\hbar^2}{2\mu}\nabla^2 + U(r)\right]$）作用在波函数 Ψ 上得出 E 乘 Ψ。算符 $i\hbar\dfrac{\partial}{\partial t}$ 和 $-\dfrac{\hbar^2}{2\mu}\nabla^2\psi + U(r)$ 是完全相当的。这两个算符都称为能量算符。此外，由于算符 $-\dfrac{\hbar^2}{2\mu}\nabla^2\psi + U(r)$ 是在式 1-41 中作式 1-40 代换而来的，式 1-41 在经典力学中称为哈密顿（Hamilton）函数，所以这种算符又称为哈密顿算符，通常以 $\hat{H}$ 表示。于是式 1-50 可写为

$$\hat{H}\Psi = E\Psi \tag{1-51}$$

这种类型的方程称为本征值方程。Ψ、E 分别称为算符 $\hat{H}$ 的本征函数和本征

值。因此，当体系处于能量算符本征函数所描写的状态（以后简称能量本征态）时，体系能量是确定的。

讨论定态问题就是求解体系可能有的定态波函数 $\Psi(r \cdot t)$ 和在这些态中的能量 E；由于含时波函数 $\Psi(r, t)$ 和函数 $\psi(r)$，其关系为公式 1-48，问题就归结为解定态薛定谔方程式 1-46。

本征值方程式 1-51 一般有一系列（无穷多个）本征值，以 E_n 表示体系能量算符的第 n 个本征值，ψ_n 是与 E_n 相应的波函数，则体系的第 n 个定态波函数是

$$\Psi_n(r,t) = \psi_n(r)\,\mathrm{e}^{-\frac{iE_n}{\hbar}t} \qquad (1\text{-}52)$$

含时间的薛定谔方程式 1-42 的一般解，可以写为这些定态波函数的线性叠加：

$$\Psi_n(r,t) = \sum_n c_n \psi_n(r)\,\mathrm{e}^{-\frac{iE_n}{\hbar}t} \qquad (1\text{-}53)$$

式中，c_n 是常系数。

最后，如果有 N 个粒子（$N > 1$），它们的坐标如果用 r_1，r_2，$\cdots$，r_n 表示，则有

$$E = \sum_{i=1}^{N} \frac{p_i^2}{2\mu_i} + U \quad (r_1, r_2, \cdots, r_n) \qquad (1\text{-}54)$$

式中，p_i 是第 i 个粒子的动量；μ_i 是第 i 个粒子的质量；$U(r_1, r_2, \cdots, r_n)$ 是体系的势能（包含体系在外场中的能量和任意粒子间相互作用能量）。两边同乘波函数 $\Psi(r_1, r_2, \cdots, r_n, t)$ 并做算符代换

$$E \rightarrow i\hbar \frac{\partial}{\partial t}, p_i \rightarrow -i\hbar\nabla_i \qquad (1\text{-}55)$$

于是有

$$i\hbar \frac{\partial \Psi}{\partial t} = -\sum_{i=1}^{N} \frac{\hbar^2}{2\mu_i} \nabla_i^2 \Psi + U\Psi \qquad (1\text{-}56)$$

这就是多粒子体系的薛定谔波动方程。

1.3 一维无限深势阱

现在考虑一个最简单的实物粒子模型，即一维无限深势阱，如图 1-5 所示，即一维空间中运动的微观粒子，它的势能在一定区域内（$-a < x < a$）为零，而在此区域外势能为无限大，数学表示为

$$\begin{cases} U(x) = 0, \ |x| < a \\ U(x) = \infty, \ |x| \geq a \end{cases} \qquad (1\text{-}57)$$

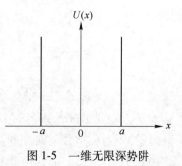

图 1-5 一维无限深势阱

$U(x)$ 为势能函数。在阱内（$|x| < a$），其定态薛定谔方程为

$$-\frac{\hbar^2}{2\mu} \times \frac{\partial^2 \psi}{\partial x^2} = E\psi \quad |x| < a \tag{1-58}$$

μ 为实物粒子质量。在阱外（$|x| \geq a$），定态薛定谔方程是

$$-\frac{\hbar^2}{2\mu} \times \frac{\partial^2 \psi}{\partial x^2} + U\psi = E\psi \quad |x| \geq a \tag{1-59}$$

上式中，$U \to \infty$。因为波函数数学上应满足连续性和有限性条件，因此有 $\psi = 0$，式 1-59 才能成立，即

$$\psi = 0, \, |x| \geq a \tag{1-60}$$

这是边界条件。需要指出的是波函数本身并无物理意义，但其平方代表实物粒子出现的概率密度，因此公式 1-60 表示：因为势阱无限深，粒子出现在势阱外的概率为零。

为数学简单描述，引入

$$\alpha = \left(\frac{2\mu E}{\hbar^2}\right)^{\frac{1}{2}} \tag{1-61}$$

则式 1-58 简化为

$$\frac{\partial^2 \psi}{\partial x^2} + a^2 \psi = 0 \quad |x| < a \tag{1-62}$$

数学上这个二次微分方程的解为

$$\psi = A\sin\alpha a + B\cos\alpha a \quad |x| < a \tag{1-63}$$

由于波函数 ψ 连续性的属性，由式 1-61 及式 1-63，应用边界条件

$$\begin{cases} A\sin\alpha a + B\cos\alpha a = 0 \\ -A\sin\alpha a + B\cos\alpha a = 0 \end{cases} \tag{1-64}$$

由此

$$\begin{cases} A\sin\alpha a = 0 \\ B\cos\alpha a = 0 \end{cases} \tag{1-65}$$

A 和 B 不能同时为零，否则 ψ 全部为零，这个解没有意义。因此有

$$A = 0, \cos\alpha a = 0 \tag{1-66}$$

$$B = 0, \sin\alpha a = 0 \tag{1-67}$$

由此可求得

$$\alpha a = \frac{n}{2}\pi \quad (n = 1, 2, 3, \cdots) \tag{1-68}$$

对于方程式 1-66，求得 n 为奇数；对于方程 1-67，n 是偶数。如果 $n = 0$，则 ψ 恒为零，n 为负整数时解相同。

由式 1-61 和式 1-68，由此实物粒子在一维无限深阱势的能量为

$$E_n = \frac{\pi^2 \hbar^2 n^2}{8\mu a^2} \quad (n = 1, 2, 3, \cdots) \tag{1-69}$$

其有无限多个能量值，并且能量量子化（不连续）。

综上，得到一组波函数解

$$\psi_n = \begin{cases} A\sin\dfrac{n\pi}{2a}x, & n \text{ 为正偶数，} |x| < a \\ \\ 0, & |x| \geqslant a \end{cases} \tag{1-70}$$

还有另一组解的波函数为

$$\psi_n = \begin{cases} B\cos\dfrac{n\pi}{2a}x, & n \text{ 为正奇数，} |x| < a \\ \\ 0, & |x| \geqslant a \end{cases} \tag{1-71}$$

式 1-70 和式 1-71 可以并为一个式子

$$\psi_n = \begin{cases} A'\sin\dfrac{n\pi}{2a}(x + a), & n \text{ 为正整数，} |x| < a \\ \\ 0, & |x| \geqslant a \end{cases} \tag{1-72}$$

常系数 A' 可由归一化（粒子出现的概率总和是 1）条件

$$\int_{-\infty}^{\infty} |\psi|^2 \mathrm{d}x = 1 \tag{1-73}$$

求出为 $A' = \dfrac{1}{\sqrt{a}}$。

于是，一维无限深势阱中粒子，其定态波函数为

$$\Psi_n(\boldsymbol{r}, t) = \Psi_n(x)\mathrm{e}^{-\frac{iE_n}{\hbar}t} = A'\sin\frac{n\pi}{2a}(x + a)\mathrm{e}^{-\frac{iE_n}{\hbar}t} \tag{1-74}$$

应用公式 $\sin\theta = \dfrac{e^{i\theta} - e^{-i\theta}}{2i}$ 将上式中的正弦函数写成指数函数，有

$$\Psi_n(\boldsymbol{r}, t) = C_1\mathrm{e}^{\frac{i}{\hbar}\left(\frac{n\pi\hbar}{2a}x - E_n t\right)} + C_2\mathrm{e}^{-\frac{i}{\hbar}\left(\frac{n\pi\hbar}{2a}x - E_n t\right)} \tag{1-75}$$

C_1 和 C_2 是两个常数。由此可知，$\Psi_n(\boldsymbol{r}, t)$ 是由两个沿相反方向传播的平面波叠加而成的驻波。

式 1-70、式 1-71 在 $|x| \geqslant a$ 时均为零，即粒子被束缚在势阱内部。通常把无限远处为零的波函数所描写的状态称为束缚态。一般来说，束缚态所属的能级是分立的。

体系能量最低的态称为基态。一维无限深势阱中粒子的基态，就是最小正整数 $n = 1$ 的本征态；基态能量和波函数分别由式 1-69 及式 1-71 令 $n = 1$ 得出。

当 n 为偶数时，由式 1-71，$\psi_n(-x) = -\psi_n(x)$，ψ_n 是 x 的奇函数。当 n 为奇数时，由式 1-70，$\psi_n(-x) = \psi_n(x)$，ψ_n 是 x 的偶函数。本征函数所具有的这种确定的奇偶性是由势能式 1-57 对原点的对称性 $U(x) = U(-x)$ 而来的。

　　图 1-6a 给出一维无限深势阱中粒子的前面四个能量本征函数，由图可以看出波函数取值有正负，且 ψ_n 与 x 轴相交 $n-1$ 次，即 ψ_n 有 $n-1$ 个节点。图 1-6b 给出在这个四个态中粒子位置的概率密度分布。需要指出的是，波函数本身并无物理意义，但它的平方却表示粒子在不同位置出现的概率密度。

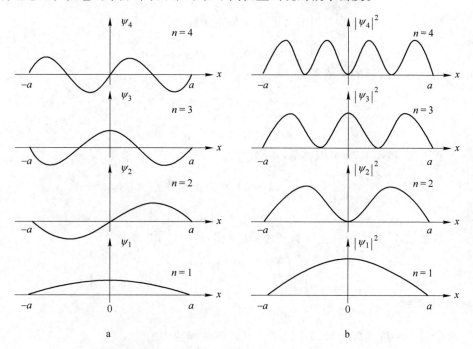

图 1-6　一维无限深势阱的中粒子波函数（a）和位置概率密度分布（b）

1.4　类氢原子波函数

　　一维势阱的模型非常简单，却是一个了解薛定谔波动方程特征的很好例子。本节，从最简单的类氢原子（hydrogen-like atom）开始，了解实际原子其薛定谔波动方程的基本特点。

　　类氢原子，是指拥有一个电子的原子或离子。He^+、Li^{2+}、Be^{3+} 与 B^{4+} 这类又称为"类氢离子"。因为类氢原子只有一个电子，所以可以精确求解其电子波动方程。并可以用实验来验证，所以，类氢原子的波函数研究非常有意义，是了解多电子体系的基础。

　　氢原子或类氢离子是由一个电子和一个原子核组成的体系，这个体系的哈密顿算符为

$$\hat{H} = -\frac{\hbar^2}{2m_1}\nabla_1^2 - \frac{\hbar^2}{2m_2}\nabla_2^2 + U(\boldsymbol{r}_1 - \boldsymbol{r}_2) \tag{1-76}$$

脚标 1 和 2 分别表示属于电子和核，m 为实物粒子的质量。定态薛定谔波动方程为

$$E_{\text{total}}\Psi(\boldsymbol{r}_1,\boldsymbol{r}_2) = \left[-\frac{\hbar^2}{2m_1}\nabla_1^2 - \frac{\hbar^2}{2m_2}\nabla_2^2 + U(\boldsymbol{r}_1 - \boldsymbol{r}_2)\right]\Psi(\boldsymbol{r}_1,\boldsymbol{r}_2) \qquad (1\text{-}77)$$

由于这个方程中的势能同时与电子和原子核有关，不能分离变量，因此我们需要将二体运动化为质心运动和相对运动两部分，以利于分别求解。为此引入（电子相对于核的）相对坐标：

$$\boldsymbol{r} = \boldsymbol{r}_1 - \boldsymbol{r}_2 \qquad (1\text{-}78)$$

即

$$x = x_1 - x_2, y = y_1 - y_2, z = z_1 - z_2 \qquad (1\text{-}79)$$

和质心坐标 $\boldsymbol{R} = \dfrac{m_1\boldsymbol{r}_1 + m_2\boldsymbol{r}_2}{m_1 + m_2} = \dfrac{m_1\boldsymbol{r}_1 + m_2\boldsymbol{r}_2}{M}$

即

$$X = \frac{m_1 x_1 + m_2 x_2}{M}, Y = \frac{m_1 y_1 + m_2 y_2}{M}, Z = \frac{m_1 z_1 + m_2 z_2}{M} \qquad (1\text{-}80)$$

式中，$M = m_1 + m_2$ 是体系的总质量。

经过一系列数学变换，定态薛定谔方程式 1-77 变成

$$E_{\text{total}}\Psi(\boldsymbol{R},\boldsymbol{r}) = \left[-\frac{\hbar^2}{2M}\nabla_R^2 - \frac{\hbar^2}{2M}\nabla_r^2 + U(\boldsymbol{r})\right]\Psi(\boldsymbol{R},\boldsymbol{r}) \qquad (1\text{-}81)$$

变量分离为

$$\Psi(\boldsymbol{R},\boldsymbol{r}) = \varphi(\boldsymbol{R})\psi(\boldsymbol{r}) \qquad (1\text{-}82)$$

于是有以下方程：

$$-\frac{\hbar^2}{2M}\nabla_R^2\varphi(\boldsymbol{R}) = (E_{\text{total}} - E)\varphi(\boldsymbol{R}) \qquad (1\text{-}83)$$

和

$$E\psi(\boldsymbol{r}) = \left[-\frac{\hbar^2}{2m}\nabla_r^2 + U(\boldsymbol{r})\right]\psi(\boldsymbol{r}) \qquad (1\text{-}84)$$

这样，类氢原子的运动就简化为质心运动式 1-83 和相对运动式 1-84，质心运动即为质量为 $M = m_1 + m_2$ 的自由粒子，其能量（仅有动能）$E_{\text{total}} - E$；而相对运动的部分则为一质量为 $m = \dfrac{m_1 m_2}{m_1 + m_2}$ 的粒子在势场 $U(\boldsymbol{r})$ 中运动的情况相同。在氢原子或类氢离子问题中，作者感兴趣的是其相对运动。因此，作者将集中求解描述电子与原子核相对运动的定态薛定谔方程，并求解其本征值（能量）和本征函数（可能的态）。

对于中心力场，数学上采用球坐标求解，在球坐标中，梯度算符（也称拉普拉斯算符）为

$$\nabla^2 = \frac{1}{r^2}\left[\frac{\partial}{\partial r}\left(r^2\frac{\partial}{\partial r}\right) + \frac{1}{\sin\theta}\times\frac{\partial}{\partial\theta}\left(\sin\theta\frac{\partial}{\partial\theta}\right) + \frac{1}{\sin^2\theta}\times\frac{\partial^2}{\partial\phi^2}\right] \qquad (1\text{-}85)$$

动量平方算符 $\hat{p}^2$ 可写为

$$\hat{p}^2 = -\hbar^2 \nabla^2 = \hat{p}_r^2 + \hat{L}^2/r^2 \tag{1-86}$$

其中，径向动量平方算符 $\hat{p}_r^2$ 为

$$\hat{p}_r^2 = -\hbar^2 \frac{1}{r^2} \times \frac{\partial}{\partial r}\left(r^2 \frac{\partial}{\partial r}\right) \tag{1-87}$$

而角动量平方算符

$$\hat{L}^2 = -\hbar^2 \left[\frac{1}{\sin\theta} \times \frac{\partial}{\partial\theta}\left(\sin\theta \frac{\partial}{\partial\theta}\right) + \frac{1}{\sin^2\theta} \times \frac{\partial^2}{\partial\phi^2}\right] \tag{1-88}$$

于是，原子核和电子相对运动的波函数定态方程为

$$E\psi(\boldsymbol{r}) = \left[\frac{\hat{p}_r^2}{2\mu} + \frac{\hat{L}^2}{2\mu r^2} + U(\boldsymbol{r})\right]\psi(\boldsymbol{r}) \tag{1-89}$$

由于方程式 1-89 中，可分离变量求解，因为 $\hat{p}_r^2$ 和 $U(\boldsymbol{r})$ 只与变量 $\boldsymbol{r}$ 有关，而 $\hat{L}^2$ 只与角变量 θ、ϕ 有关，于是有

$$\psi(\boldsymbol{r}) = \psi(r,\theta,\phi) = R(r)Y(\theta,\phi) \tag{1-90}$$

将上式代入定态方程式 1-89 中，得

$$\frac{1}{R} \times \frac{\partial}{\partial r}\left(r^2 \frac{\partial R}{\partial r}\right) + \frac{2mr^2}{\hbar^2}[E - U(\boldsymbol{r})] = -\frac{1}{Y}\left[\frac{1}{\sin\theta} \times \frac{\partial}{\partial\theta}\left(\sin\theta \frac{\partial Y}{\partial\theta}\right) + \frac{1}{\sin^2\theta} \times \frac{\partial^2 Y}{\partial\phi^2}\right]$$
$$= \lambda\,(\text{常数}) \tag{1-91}$$

由此，得到径向方程

$$\frac{1}{r^2} \times \frac{\partial}{\partial r}\left(r^2 \frac{\partial R}{\partial r}\right) + \frac{2m}{\hbar^2}\left[(E - U(r)) - \frac{\lambda}{r^2}\right]R = 0 \tag{1-92}$$

和 $\hat{L}^2$ 的本征方程

$$-\hbar^2\left[\frac{1}{\sin\theta} \times \frac{\partial}{\partial\theta}\left(\sin\theta \frac{\partial}{\partial\theta}\right) + \frac{1}{\sin^2\theta} \times \frac{\partial^2}{\partial\phi^2}\right]Y(\theta,\phi) = \lambda\hbar^2 Y(\theta,\phi) \tag{1-93}$$

数学上可知（此处忽略了数学求解过程），λ 的解为

$$\lambda = l(l+1) \quad (l = 0,1,2,\cdots) \tag{1-94}$$

而 $Y(\theta,\phi)$ 是球谐函数

$$y_{lm}(\theta,\phi) = (-1)^m N_{lm} P_l^{|m|}(\cos\theta)e^{im\varphi} \quad (m = -l, -l+1, \cdots, l-1, l)$$
$$\tag{1-95}$$

综上所述，类氢原子的波函数和能量分别为

$$\Psi_{nlm}(r,\theta,\phi) = R_{nl}(r)Y_{lm}(\theta,\phi)$$
$$E_n = -\frac{m Z^2 e^4}{2\hbar^2 n^2} \tag{1-96}$$

式中，$n = 1, 2, 3, \cdots$；$l = 1, 2, 3, \cdots, n-1$；$m = -l, -l+1, \cdots, l-1, l$。

由公式 1-96 可知，类氢原子其能量只和 n 有关，注意分子部分 m 是质量，

而非量子数。但波函数 Ψ_{nlm} 却与三个量子数 n，l，m 有关。所以，对应于一个确定的 n，l 可取 $l = 1$，2，3，$\cdots$，$n-1$，共 n 个值，进一步，对于一个确定的 l，m 可取 $m = \pm 1$，± 2，$\cdots$，$\pm l$，共 $2l+1$ 个值。这些不同量子数对应的能级能量相同，因而是简并的。且对应于第 n 个能级 E_n，其简并度是

$$\sum_{l=0}^{n-1} 2l + 1 = n \times \frac{(2n - 2 + 1) + 1}{2} = n^2 \tag{1-97}$$

所以类氢原子电子的第 n 个能级是 n^2 度简并的。

之所以这样，与类氢原子的中心力场（只与 $U(r)$ 有关，与 θ，ϕ 无关）对称性和库仑场有关，电子能级对 m 简并（E_n 与 m 无关）是由势场 $U(r)$ 而来的，而能级对 l 简并（E_n 与 l 无关），则是库仑场所特有的。例如，在碱金属原子中，价电子的势场也是中心力场，但不是严格的库仑场，于是价电子的能级 E_{nl} 仅对 m 简并，而对 l 没有简并。

1.5 Hartree-Fock 方法

前一节讲了类氢原子，即单电子体系，可以精确求解波函数和本征能量值。但绝大多数原子或分子，都是多电子体系。对于多电子体系，由于不同电子运动高度相关，坐标无法做变量分离，数学上没有分析解。举个简单例子，20 个金属铂原子纳米团簇，其波函数维度则超过了 4600 维。结果是，精确求解这个体系的薛定谔方程变得几乎不可能。因此，想要得到多电子体系波函数，只能求解近似表达式。

1927 年，英国数学家和物理学家 D. R. Hartree 首先提出了著名的 HATREE 方法求解多电子体系的波函数及本征能量。随后苏联物理学家 V. A. Fock 进一步引入 Slater 行列来求解多电子体系。这就是著名的 Hartree-Fock 方法。它是最简单的求解多电子体系的方法，也是所有求解多电子体系和电子结构方法的基础。简单来说，它采用了三个近似，第一是波恩-奥本海默近似[9,10]（原子核视为静止，相对于电子运动可以分离，读者可以自行查阅相关文献），第二是电子运动相互独立近似，第三是原子轨道线性组合构成分子轨道近似。

电子的哈密顿量可以写为

$$\hat{H} = \sum_{i=1}^{N} h_i + \frac{1}{2} \sum_{i,j} V_{ij} \tag{1-98}$$

其中：

$$h_i = -\frac{1}{2} \nabla_i^2 - \sum_A \frac{Z_A}{r_{iA}} \tag{1-99}$$

$$V_{ij} = \frac{1}{r_{ij}} \quad (i \neq j) \tag{1-100}$$

h_i 包含了电子 i 的动能和与原子核的势能项，V_{ij} 即代表两电子的库仑作用。

　　Hartree 首先假设，如果电子彼此之间没有相互作用，多电子波函数是所有 N 个电子坐标的函数，可将体系的波函数近似表达为单电子波函数的乘积：

$$\Psi(\boldsymbol{x}_1, \boldsymbol{x}_2, \cdots, \boldsymbol{x}_n) = X_1(\boldsymbol{x}_1) X_2(\boldsymbol{x}_2), \cdots, X_N(\boldsymbol{x}_n) \tag{1-101}$$

该波函数表达式就是所谓的 Hartree 乘积（Hartree Product）。如果忽略电子与电子之间的相互作用，当只写出一个电子的薛定谔方程时，其解满足

$$\hat{H} X_i = E_i X_i \tag{1-102}$$

式 1-102 所定义的本征方程称为电子轨道。对于每个单电子本征方程，都存在多个本征函数，这样就定义了一系列电子轨道 $X_i(x_i)$（$i = 1,2,\cdots$），其中 x_i 是定义电子 i 位置及其自旋态（向上或向下）的坐标矢量。将自旋轨道 $X_i(x_i)$ 的能量表示为 E_i。$i = 1$ 的轨道具有最低的能量，$i = 2$ 的轨道具有第二高的能量，依次类推。总的哈密顿量是单个电子算符 h_j 的简单加和，因此波函数的能量是所有电子轨道能量之和，即 $E = E_{i1} + \cdots + E_{iN}$。

　　为了便于方程的推导，在这里简单介绍下狄拉克符号。量子体系的一切可能状态构成一个希尔伯特空间，空间中的一个矢量（一般为复矢量），用以标记一个量子态，用一个右矢（ket）" | > "表示。若要标志一个特殊的态，则在右矢内标上某种记号，如" | φ > "表示用波函数 φ 描写的状态。在共轭空间中，左矢（bra）" < | "表示与右矢相对应的一个抽象态矢，称为共轭态矢。记为" < | = (| >)$^+$ "。

　　左矢和右矢的标积（内积）记为 (< ψ |) · (| φ >) = $\langle \psi | \varphi \rangle$ = (ψ, φ) = $\int \psi^* \varphi \mathrm{d}\tau$。

　　式 1-101 的简化方法大大推进了求解近似波函数的方法。但因为电子是费米子，应满足反对称原理，即如果两个电子相互交换位置，其波函数应该改变符号。显然，式 1-101 所表示的波函数不满足反对称性。因此，Fock 引进了 Slater 行列式，以满足这种反对称关系。其表述如下：

$$\Psi = \frac{1}{\sqrt{N!}} \begin{vmatrix} X_1(\boldsymbol{x}_1) & X_2(\boldsymbol{x}_1) & \cdots & X_N(\boldsymbol{x}_1) \\ X_1(\boldsymbol{x}_2) & X_2(\boldsymbol{x}_2) & \cdots & X_N(\boldsymbol{x}_2) \\ \vdots & \vdots & \ddots & \vdots \\ X_1(\boldsymbol{x}_N) & X_2(\boldsymbol{x}_N) & \cdots & X_N(\boldsymbol{x}_N) \end{vmatrix} \tag{1-103}$$

这里，$\dfrac{1}{\sqrt{N!}}$ 为归一化因子。N 为系统体系的电子数目。

　　在行列式中，任意两个单电子轨道应该满足正交归一条件：

$$\int X_i^*(\boldsymbol{x}) X_j(\boldsymbol{x}) \mathrm{d}\boldsymbol{x} = \delta_{ij} \tag{1-104}$$

行列式展开后任意一项可表示为

$$(- 1)^{P(i)} X_{i1}(\boldsymbol{x}_1) X_{i2}(\boldsymbol{x}_2) \cdots X_{iN}(\boldsymbol{x}_N) \tag{1-105}$$

式中，$P(i)$ 为该项的逆序数。

Slater 行列式的电子哈密顿量的平均值为

$$\langle \boldsymbol{\Psi} \mid \hat{H} \mid \boldsymbol{\Psi} \rangle = \langle \boldsymbol{\Psi} \mid \sum_{i=1}^{N} h_i + \frac{1}{2} \sum_{i,j} V_{ij} \mid \boldsymbol{\Psi} \rangle \tag{1-106}$$

由厄米算符的线性可叠加特性，上式可展开为

$$\langle \boldsymbol{\Psi} \mid \sum_{i=1}^{N} h_i + \sum_{i,j} V_{ij} \mid \boldsymbol{\Psi} \rangle = \langle \boldsymbol{\Psi} \mid \sum_{i=1}^{N} h_i \mid \boldsymbol{\Psi} \rangle + \langle \boldsymbol{\Psi} \mid \frac{1}{2} \sum_{i,j} V_{ij} \mid \boldsymbol{\Psi} \rangle$$
$$\tag{1-107}$$

将 $\boldsymbol{\Psi}$ 按行列式展开，上式的第一项为

$$\langle \boldsymbol{\Psi} \mid \sum_{i=1}^{N} h_i \mid \boldsymbol{\Psi} \rangle = \frac{1}{N!} \sum_{n} \sum_{i,j} (- 1)^{P(j)} (- 1)^{P(i)} \times$$
$$\langle X_{j1}(\boldsymbol{x}_1) X_{j2}(\boldsymbol{x}_2) \cdots X_{jN}(\boldsymbol{x}_N) \mid h_i(\boldsymbol{x}_n) \mid X_{i1}(\boldsymbol{x}_1) X_{i2}(\boldsymbol{x}_2) \cdots X_{iN}(\boldsymbol{x}_N) \rangle$$
$$\tag{1-108}$$

由正交归一性，上式可化简为

$$\langle \boldsymbol{\Psi} \mid \sum_{i=1}^{N} h_i \mid \boldsymbol{\Psi} \rangle = \sum_{i}^{N} \langle X_i \mid h_i \mid X_i \rangle \tag{1-109}$$

第二项的情况比较复杂，这里不详细讨论，只是双体算符 V_{ij} 可同时作用于两个波函数，结合费米子的反对称性，第二项推出以下结果：

$$\langle \boldsymbol{\Psi} \mid \sum_{i,j} V_{ij} \mid \boldsymbol{\Psi} \rangle = 1/2 \sum_{i,j} [\langle X_i X_j \mid V_{ij} \mid X_i X_j \rangle - \langle X_j X_i \mid V_{ij} \mid X_i X_j \rangle]$$
$$\tag{1-110}$$

这里等式右边的第一项称为库仑积分；第二项为交换积分，其没有特殊的物理意义，是由费米子的反对称性（随意交换两个费米子的位置，波函数变号）决定的。注意这里没有考虑电子自旋，即认为同一轨道，不同自旋的电子用相同的波函数表示。

于是，得到 Slater 行列式电子哈密顿量：

$$\langle \boldsymbol{\Psi} \mid \hat{H} \mid \boldsymbol{\Psi} \rangle = \sum_{i}^{N} \langle X_i \mid h_i \mid X_i \rangle + 1/2 \sum_{i,j} [\langle X_i X_j \mid V_{ij} \mid X_i X_j \rangle -$$
$$\langle X_j X_i \mid V_{ij} \mid X_j X_2 \rangle] \tag{1-111}$$

求体系的状态，必须得到体系的波函数，而处于稳定状态时体系的能量往往是最低的。因此，可以通过求体系的能量的最低值而求得体系的稳定状态。变分法指出：哈密顿量在任意态的平均值必定大于或等于其基态能量。对于归一化波函数 $\boldsymbol{\Psi}$，变分法其数学表达式为

$$\bar{H} = \langle \boldsymbol{\Psi} \mid \hat{H} \mid \boldsymbol{\Psi} \rangle \geqslant E_{\text{ground}} \tag{1-112}$$

可以通过计算哈密顿量的最小值来求得体系的基态能量值。满足：

$$\delta \langle \Psi \mid \hat{H} \mid \Psi \rangle = 0 \tag{1-113}$$

的波函数即为基态波函数，此时的哈密顿量的本征值即为体系的基态能量。常用拉格朗日法计算。

由上式，当轨道由 $X_i \rightarrow X_i + \delta X_i$ 变化（变化一个无穷小量）时，总能量的变化接近 0，运用拉格朗日不定乘子方法，引入泛函 $\mathcal{L}$：

$$\mathcal{L}[\{X_i\}] = E_{HF}[\{X_i\}] - \sum_{ij} \epsilon_{ij}(\langle i \mid j \rangle - \delta_{ij}) \tag{1-114}$$

式中，ϵ_{ij} 为未定的拉格朗日乘子；$\langle i \mid j \rangle$ 为自旋轨道 $X_i(\boldsymbol{x})$ 和 $X_j(\boldsymbol{x})$ 的重叠部分，$\langle i \mid j \rangle = \int X_i^*(\boldsymbol{x}) X_i(\boldsymbol{x}) \mathrm{d}x$。

设 $\delta \mathcal{L} = 0$，运用代数方法可得到

$$h(\boldsymbol{x}_1) X_i(\boldsymbol{x}_1) + \sum_{j \neq i} \left[\int \mathrm{d}\boldsymbol{x}_2 \mid X_j(\boldsymbol{x}_2) \mid^2 r_{12}^{-1} \right] X_i(\boldsymbol{x}_1) -$$

$$\sum_{j \neq i} \left[\int \mathrm{d}\boldsymbol{x}_2 X_j^*(\boldsymbol{x}_2) X_i(\boldsymbol{x}_2) r_{12}^{-1} \right] X_j(\boldsymbol{x}_1) = \epsilon_i X_i(\boldsymbol{x}_1) \tag{1-115}$$

$J_j(\boldsymbol{x}_i)$ 称为库仑算符，$J_j(\boldsymbol{x}_1) X_i(\boldsymbol{x}_1) = \int \mathrm{d}\boldsymbol{x}_2 \mid X_j(\boldsymbol{x}_2) \mid^2 r_{12}^{-1} X_i(\boldsymbol{x}_1)$，这里为不考虑自旋的情况，若考虑自旋，交换积分前面要加参数 $-1/2$。$K_j(\boldsymbol{x})$ 称为交换算符，即 $K_j(\boldsymbol{x}_1) X_i(\boldsymbol{x}_1) = [\int \mathrm{d}\boldsymbol{x}_2 X_j^*(\boldsymbol{x}_2) X_i(\boldsymbol{x}_2) r_{12}^{-1}] X_j(\boldsymbol{x}_1)$，数学上引用幺正变换，可将式 1-115 写为

$$\hat{F}(\boldsymbol{x}_1) X_i(\boldsymbol{x}_1) = \epsilon_i X_i(\boldsymbol{x}_1) \tag{1-116}$$

其中 $\hat{F}(\boldsymbol{x}_1) = h(\boldsymbol{x}_1) + \sum_j [J_j(\boldsymbol{x}_1) - K_j(\boldsymbol{x}_1)]$，又称为 Fock 算符，$\epsilon_i$ 为与 X_i 对应的能量本征值，式 1-116 即为 Hartree-Fock 方程。

将哈特里-福克方程实际用于计算多原子分子是一个计算量相当大的工作。1951 年荷兰物理学家 C. C. J. Roothaan 提出分子轨道可由分子的原子轨道展开，这样的分子轨道称为原子轨道的线性组合。使用原子轨道的线性组合，原来 Hartree-Fock 方程就变为易于求解的代数方程，称为 Hartree-Fock-Roothaan 方程，简称 HFR 方程。具体方法如下：

将分子轨道写为原子轨道的线性组合：

$$X_i = \sum_{\mu=1}^{K} C_{\mu i} \widetilde{X}_\mu \tag{1-117}$$

将上式代入式 1-111，重复式 1-114~式 1-116 的推导过程可以得到

$$\sum_\nu F_{\mu\nu} C_{\nu i} = \epsilon_i \sum_\nu S_{\mu\nu} C_{\nu i} \tag{1-118}$$

式中，$S_{\mu\nu}$ 为重叠矩阵元，$S_{\mu\nu} = \int \mathrm{d}\boldsymbol{x}_1 \widetilde{X}_\mu^*(\boldsymbol{x}_1) \widetilde{X}_\nu(\boldsymbol{x}_1)$；$F_{\mu\nu}$ 为 Fock 矩阵元，$F_{\mu\nu} = \int \mathrm{d}\boldsymbol{x}_1 \widetilde{X}_\mu^*(\boldsymbol{x}_1) \hat{F}(\boldsymbol{x}_1) \widetilde{X}_\nu(\boldsymbol{x}_1)$。上式即称为 Hartree-Fock-Roothaan 方程，可简写为：

$$FC = SC\epsilon \tag{1-119}$$

式中，F 为 Fock 矩阵；C 为系数矩阵；S 为重叠矩阵；ϵ 为能量本征值。

在实际应用中，原子电子波函数常用基组来描述，根据球谐函数中的径向函数 $R(r)$ 的不同分为常用的斯莱特（Slater）型和高斯（Gaussian）型。在实际计算中，可以用基函数的线性组合来描述原子电子波函数的性质。在选择基组时，需要考虑计算量和精准性。由于采用的自洽迭代方法（SCF，本节结束部分有具体解释）计算，选择的基组越大其计算结果也越精准，但是计算量大、耗时太长、成本太高。若采用基组过小则精度不够，一般要求选用的基组计算量小且结果尽可能准确。因此，根据需要综合考虑其基组的选择。下面介绍最基本的两种基函数。

Slater 型基函数：Slater 型基函数是最原始的基组，对电子云的描述较为准确。但是它在积分中存在无穷级数如公式 1-120 所示，收敛速度很慢，表现在计算多中心电子积分时，计算量大耗时较长。

$$\chi_{\zeta,n,l,m}(r,\theta,\varphi) = NY^{n-1}Y_{l,m}(\theta,\varphi)e^{-\zeta r} \tag{1-120}$$

Gaussian 型基函数：高斯型基函数可以较好地模拟原子轨道波函数的形态，可以更好地处理多中心电子体系，另外可以利用高斯型函数易收敛的良好性质来简化计算。

$$\chi_{\zeta,n,l,m}(r,\theta,\varphi) = NY^{2n-2-l}Y_{l,m}(\theta,\varphi)e^{-\zeta r^2} \tag{1-121}$$

相比 Slater 型基函数，Gaussian 型基函数不仅具有类似 Slater 型基函数的外形，而且计算双电子积分时收敛更快，但是由于它们在 $r=0$（近原子核）处的差别较大，直接使用 Gaussian 型基组会使计算精度下降。

压缩型高斯基组通过将多个 Gaussian 基函数进行线性组合，用拟合后的基函数进行计算，弥补了 Gaussian 型基组在 $r=0$ 附近的不足。因此，压缩性高斯基组广泛用于量化计算中。接下来介绍几种在平时的量子化学计算中比较常用的压缩性高斯型基组。

（1）最小基组。最小基组即使用一个基函数拟合一个轨道，也可以表示为 STO-nG 基组，nG 代表每个 Slater 轨道是由 n 个高斯型函数线性组合获得。如 STO-3G[11]基组用三个高斯型函数的线性组合来描述一个 Slater 轨道。最小基组的优势在于计算成本低，适合粗略计算较大分子体系；其局限在于每个原子轨道只用一个基函数表示，不能精确描述电子运动状态。

（2）劈裂价层基组。相比最小基组，劈裂价层基组使用多个基函数拟合一个原子轨道，因为不同的基函数有不同的空间扩展，通过适当的组合可以使电子密度适合特定的环境。常见的劈裂价层基组有 3-21G、4-21G、6-31G、6-311G 等，如 6-311G 代表的基组，6 表示用 6 个高斯函数通过线性组合拟合内层原子轨道，"–"以后的数字表示对价层轨道进行劈裂，每个价层轨道用 3 个基函数表示，其中一个用 3 个高斯型函数线性组合拟合，另外两个各用一个高斯型函数线性组合拟合。

劈裂价键基组能够比最小基组更好地描述体系波函数，同时计算量比最小基组有显著的上升，根据研究体系的不同需要选择适合的基组进行计算，以保证精度和速度。

（3）极化基组。劈裂价层基组对于由极化造成的电子云变形等情况不能很好地描述，为了准确计算强共轭体系，在劈裂价层基组的基础上引入更高能级轨道对应的基函数，构成了极化基组。如在第一周期的氢原子上添加 p 轨道基函数，在第二周期元素原子轨道上添加 d 轨道基函数，在过渡金属原子轨道上添加 f 轨道基函数等。考虑了极化基函数的极化基组能够比劈裂价键基组更好地描述共轭体系。

极化基组通过在劈裂价层基组后加 $*$ 表示，如 6-31G** 即表示在 6-31G 基组基础上增加了更高能级原子轨道基函数而成的极化基组，两个 $*$ 号表示对所有原子添加极化基函数，若只有一个 $*$ 号则表示仅对非氢原子添加极化基函数。

（4）弥散基组。Gaussian 型基函数一般具有 $e^{-\zeta r^2}$ 的形式，变量 ζ 对函数的形态影响较大，当 ζ 取值很小时，函数的图像会向远离原点的方向弥散，此时的 Gaussian 函数被称为弥散函数，由此构成的基组称为弥散基组。对于离子或者激发态，电子都离核较远，高斯型函数描述的准确性不高，需要添加指数小的函数进行修正。弥散基组的缺点在于它对价层每个轨道都加上了弥散函数，没有针对各轨道进行优化，且计算量比较大。

弥散基组可以通过添加"＋"来表示，如 6-31++G 表示在 6-31G 基组基础上添加了弥散函数的基组，第一个+号表示对非氢原子轨道增加一个弥散函数，第二个+号表示对氢原子轨道增加一个弥散函数。如果只有一个+号，表示只对非氢原子轨道增加一个弥散函数。

（5）高角动量基组。高角动量基组相比弥散基组通常计算电子间相互作用更为精确，但计算量也更大。如 cc-pVnZ 系列基组，此类基组加弥散基组可以表示为加前缀 aug-。本书在结构优化过程中主要使用的基组是 6-31G*，在原来劈裂价键基组的基础上引入新的函数来描述电子云等性质和强共轭体系的计算，可以在保证一定精度的基础上降低计算量，基准基组使用 aug-cc-pVTZ，保证高精确性。

最后，简单给出一般量化计算软件求解 Hartree-Fock-Roothaan 方法的具体过程：

1）建立分子模型，确定每个原子选用的基组及体系电子自旋状态。

2）建立重叠矩阵 S。

3）预估一个分子轨道系数 C。

4）建立 Fock 矩阵 F。

5）求解 $FC = SC\epsilon$ 方程。

6）利用求解出来的新分子轨道系数 C 来建立新的 FOCK 矩阵 F。

7）重复步骤 5），6），直到分子轨道系数 C 不随迭代计算而变化。

以上过程称之为自洽场方法（self-consistent-field）。对于 Hartree-Fock 方法的详细讨论，读者可以自行查阅相关文献［12~15］。

1.6 密度泛函理论

1.6.1 Hobenberg-Kohn 定理

Hartree-Fock 方法，忽略了电子相关（electron correlation）能，因而和实验值有较大偏差。为克服这个缺陷，Configuration interaction（CISD，CISD（T)）[16]、Møller-Plesset perturbation theory（MP2，MP3，…）[17]、Quadratic configuration interaction（QCISD）[18]、Coupled-cluster theory（CCD，CCSD，CCSDT)[19]、Multi-configuration self-consistent field theory（MCSCF)[20,21]、Density functional theory（DFT)[22]等方法被发展出来。其中 DFT，即密度泛函理论，因为其计算消耗最低、精确性较高、实用性最强，特别值得注意。

密度泛函理论，1964 年由美国物理学家 W. Kohn 首先提出，其核心在于不再将电子波函数分布作为试探函数，而将电子密度 $n(r)$ 作为试探函数，并将总能 E 表示为电子密度的泛函 $E[n]$。这样的处理首先要从理论上证明的确存在总能对于电子密度分布的这样一个泛函[23]。因此，Hobenberg 和 Kohn 基于非均匀电子气理论，提出如下两个定理[23]：

定理一：多电子体系的基态电子密度 $n(r)$ 和作用在体系上的外加势场有一一对应关系。

定理二：能量泛函在电子数不变的条件下，对正确的电子数密度函数取极小值，并等于基态能量。

这里所处理的基态是非简并的，多电子体系哈密顿量可以写成：

$$H = T + V + V_{ee} \qquad (1\text{-}122)$$

式中，T 为动能项；V 为外加势场，对于固体中的电子，可以是离子实对电子的作用；V_{ee} 为电子-电子间的库仑相互作用项。

对基态波函数积分，Hobenberg-Kohn 定理说明体系总能存在对基态电子密度分布函数的泛函形式：

$$E[n] = \langle \phi \mid T + V_{ee} \mid \phi \rangle + \int v(r) n(r) \mathrm{d}r \qquad (1\text{-}123)$$

这里 $v(r)$ 是单个电子与离子实的库仑相互作用，

$$V = \sum_i v(r_i) \ , v(r) = -\frac{1}{4\pi\epsilon_0} \sum_n \frac{Ze^2}{\mid r - R_n \mid} \qquad (1\text{-}124)$$

1.6.2　Kohn-Sham 方程

在多电子体系中，总能的泛函表示为

$$E[n(\boldsymbol{r})] = T_0[n(\boldsymbol{r})] + \frac{1}{2} \times \frac{1}{4\pi\epsilon_0}\int \frac{e^2}{|\boldsymbol{r}-\boldsymbol{r}'|}n(\boldsymbol{r})n(\boldsymbol{r}')\mathrm{d}\boldsymbol{r}\mathrm{d}\boldsymbol{r}' +$$

$$\int v(\boldsymbol{r})n(\boldsymbol{r})\mathrm{d}\boldsymbol{r} + E_{xc}[n(\boldsymbol{r})] \tag{1-125}$$

式中，$T_0[n(\boldsymbol{r})]$ 为体系的动能；$E_{xc}[n(\boldsymbol{r})]$ 称为交换关联能，它的具体形式尚不清楚，只知道它包含了多体系统的交换和关联效应，它也是电子密度分布函数的泛函，被称为交换关联势。

在 Kohn 和 Sham 的处理中，多电子问题同样被处理成在有效外场下的单电子近似体系问题。基态的电子密度可以由解下述单电子薛定谔方程给出：

$$\left[\frac{-\hbar}{2m}\nabla^2 + V(r)\right]\psi_i(r) = E_i\psi_i(r) \tag{1-126}$$

有效势场

$$V(r) = v(\boldsymbol{r}) + \frac{1}{4\pi\epsilon_0}\int \frac{e^2}{|\boldsymbol{r}-\boldsymbol{r}'|}n(\boldsymbol{r}')\mathrm{d}\boldsymbol{r}' + v_{xc}(\boldsymbol{r}) \tag{1-127}$$

$$v_{xc}(\boldsymbol{r}) = \frac{\delta E_{xc}[n(\boldsymbol{r})]}{\delta n(\boldsymbol{r})} \tag{1-128}$$

电子密度

$$n(\boldsymbol{r}) = \sum_{i=1}^{N} |\psi_i(r)|^2 \tag{1-129}$$

求和从能量最低态开始，直到第 N 个占据态。式 1-124~式 1-127 的自洽方程组就称为 Kohn-Sham 方程[24]。

如果能够给出交换关联势的明确形式，则体系波函数可以从解式 1-126 得到，进而构造下步的基态电子密度，重复这一过程直到自洽，得到体系的基态能量。Kohn-Sham 方程原则上可正确地给出基态的电子密度和总能量，因为多体效应已经概括在交换关联势这一项中。但是，由于所有多粒子问题的复杂性都归入了这一项，要得到这一项的精确解析形式非常困难，因此需要对交换关联泛函部分进行简化处理。比较经典的处理方式有两种：局域密度近似（local density approximation，LDA）[25]和广义梯度近似（generalized gradient approximation，GGA）[26~28]。

1.6.3　含时密度泛函理论

密度泛函理论可以较精确地预测体系的原子结构、晶格参数、体系能量、相稳定性、电子密度、弹性常数和声子频率等体系处于基态时的性质，但是不能预测体系光学性质，因其是体系在激发态下的性质[29~31]。

含时密度泛函理论是密度泛函理论的扩展，它包含了一个与时间有关系的外势场。对于含时密度泛函理论，其核心是建立含时的电子密度 $n(r, t)$ 与外势之间的一一对应关系。1984 年，英国物理学家 E. Runge 和 E. K. U. Gross 提出了 Runge-Gross 定理[32]：

体系含时的电子密度 $n(r, t)$ 与含时的外势 $V(r, t)$ 有一一对应关系，同时唯一确定含时的电子波函数 $\psi(r, t)$。

含时的 Kohn-Sham 方程如下：

$$\left[\frac{-\hbar}{2m} \nabla^2 + V(r,t) \right] \psi_i(r,t) = i \frac{\partial}{\partial t} \psi_i(r,t) \qquad (1\text{-}130)$$

有效势场：

$$V(r,t) = v(r,t) + \frac{1}{4\pi\epsilon_0} \int \frac{e^2}{|r - r'|} n(r',t) \mathrm{d}r' + v_{xc}(r,t) \qquad (1\text{-}131)$$

$$v_{xc}(r,t) = \frac{\delta A_{xc}[n(r,t)]}{\delta n(r,t)} \qquad (1\text{-}132)$$

电子密度：

$$n(r,t) = \sum_{i=1}^{N} |\psi_i(r,t)|^2 \qquad (1\text{-}133)$$

1.6.4 常用泛函简介

如上文所述，如果能够给出交换关联势的明确形式，就可以得到精确的电子密度。对于交换关联泛函部分比较经典的处理方式有两种：局域密度近似（LDA）和广义梯度近似（GGA）。迫于对更精确泛函的需求，在计算化学中出现了更多超越 LDA 和 GGA 的泛函，如包含色散力校正的泛函和长程校正泛函等。下面简单介绍几类常用的杂化泛函。

（1）Becke 3 参数杂化泛函，如 B3LYP[33]，利用 LYP 表达提供的非局域相关能[34]和 VWN Ⅲ 提供的局域相关能做近似[35]。B3LYP 在计算分子几何构型、化合物的生成焓等时比较准确。

（2）包含色散力校正的杂化泛函，如 ωB97XD，使用了 Grimme 的 D2 色散力模型[36]。B3LYP+GD3，在泛函 B3LYP 的基础上使用了 Grimme 的 D3 色散力模型。

（3）长程校正杂化泛函，如 LC-ωPBE[37,38]、ωB97XD[39]、CAM-B3LYP[40]等。密度泛函理论中的广义梯度近似（GGA）对于描述主要依赖于短程交换和关联效应等的性质较精确，例如，分子的几何构型、键焓的特性等。然而，这些泛函的交换关联势在长程范围内定性表现出不正确渐近行为，因而用于描述如电荷转移的激发能量或共轭系统中对虚拟轨道和长程行为中的交换关联势敏感的极化行为是非常不准确的[41]。Hartree-Fock 方法是以体系波函数为变量，去计算体系能量的一种近似方法，在 Hartree-Fock 方法中，交换势是可以被 100% 考虑并精确计算的，但是处理相关势很差[42,43]。而在密度泛函理论中，虽然交换势和关联势与电子密度的泛函无法精确表示，但是可通过例如 LDA、GGA 等近似方法建立较准确的交换关联泛函。所以由于 Hartree-Fock 交换相互作用表现出势能正确的渐近衰减，改进 DFT 的一个途径是设计包含 100% HF 交换相互作用的交换相关泛函。

长程校正泛函正是为了实现正确的渐近行为而设计的一类泛函，其改进途径是：在短距离内保存 GGA 的交换作用，同时通过一系列分离库仑算符引入 HF 交换渐近[44]。

因此，在长程校正杂化泛函中，交换关联势一般表达为[45]

$$E_{xc}^{LRC} = E_c + (1 - C_{HF})E_{x,GGA}^{SR} + C_{HF}E_{x,HF}^{SR} + E_{x,HF}^{LR} \tag{1-134}$$

式中，LR 和 SR 分别表示长程的库仑势和短程的库仑势；C_{HF} 表示 HF 交换势在原始泛函中的系数[42]。

常见的库仑势衰减形式[46]是基于误差函数 Ewald-style 划分的[42]，见图 1-7。

$$\frac{1}{r_{12}} = \frac{1 - erf(\omega r_{12})}{r_{12}} + \frac{erf(\omega r_{12})}{r_{12}} \tag{1-135}$$

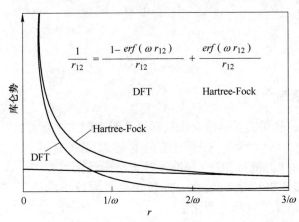

图 1-7　长程校正泛函里库仑势与 r 之间的函数关系（书后有彩图）

其中误差函数 $erf(x)$ 定义为

$$erf(x) = \frac{2}{\sqrt{\pi}} \int_0^x e^{-\eta^2} \mathrm{d}\eta \tag{1-136}$$

其中 ω 是定义分离范围的可调参数，通过调整 ω 可以调整长程和短程的分离范围以及长程校正泛函中 HF 和 DFT 的成分比例。

为了进一步提高计算的精确度，针对不同的分子体系，长程校正泛函发展了优化 ω 参数的方法，最优参数 ω 可由计算下述方程的最小值获得[45]：

$$J^2(\omega) = \left[\varepsilon_{HOMO}^{\omega}(N) + IP^{\omega}(N) \right]^2 + \left[\varepsilon_{HOMO}^{\omega}(N+1) + IP^{\omega}(N+1) \right]^2 \tag{1-137}$$

其中[47]：

$$IP^{\omega}(N) = E^{\omega}(N - 1) - E^{\omega}(N) \tag{1-138}$$

式中，IP 为体系的电离势；N、$N-1$ 和 $N+1$ 分别为中性、阳离子、阴离子体系的电子数目；ε_{HOMO} 为体系最高占据轨道的轨道能量。

含参数 ω 的泛函都是可以通过上述方程优化得到对应体系的长短程分离范围和最优 HF 和 DFT 的成分比例，如 LC-ωPBE、ωB97X、ωB97XD 等。但是像 CAM-B3LYP[40]，此泛函参数 ω 是定值，无法调控。经过调节后的长程校正泛函可以很好地计算激发能、极化率、基础带隙、单-三重激发态等性质[42]。表 1-1 列出了常见长程校正杂化泛函的分离范围和 HF 交换成分。

表 1-1 常见长程校正杂化泛函的分离范围和 HF 交换成分

密度泛函	SR/%	LR/%	ω	参考文献
CAM-B3LYP	19	65	0.33	[40]
ωB97XD	22.2	100	0.2	[48]
ωB97X	15.77	100	0.3	[49]
LC-ωPBE	0	100	0.4	[41]

参 考 文 献

[1] 曾谨言. 量子力学 [M]. 北京：科学出版社，1990.

[2] 胡英，刘洪来. 密度泛函理论 [M]. 北京：科学出版社，2016.

[3] 黄向东. 量子力学基础与固体物理学 [M]. 北京：清华大学出版社，2017.

[4] 潘必才. 量子力学导论 [M]. 合肥：中国科学技术大学出版社，2015.

[5] 张永德. 量子力学 [M]. 北京：科学出版社，2002.

[6] 周世勋. 量子力学教程 [M]. 北京：高等教育出版社，1979.

[7] Compton A H. A quantum theory of the scattering of X-rays by light elements [J]. Phys. Rev, 1923, 21：483-502.

[8] Diarac P A M. The fundamental equations of quantum mechanics [J]. Proceedings of the royal society of London series a-containing papers of a mathematical and physical character, 1925, 109：644-653.

[9] Born M, Oppenheimer R. Quantum theory of molecules [J]. Annalen Der Physik, 1927, 84：457~484.

[10] Brattsev V F. Ground state energy of a molecule in adiabatic approximation [J]. Doklady Akademii Nauk Sssr, 1965, 160：570.

[11] Hehre W J, Stewart R F, Pople J A. Self-consistent molecular-orbital methods. Ⅰ. Use of gaussian expansions of slater-type atomic orbitals [J]. J. Chem. Phys, 1969, 51：2657-2664.

[12] Parr R G. Density-functional theory of atoms and molecules [M]. Oxford：Oxford uni-

versity，1989.

[13] Levine I N. Quantum chemistry [M]. Prentice Hall，1991.

[14] Lowe J P. Quantum chemistry [M]. Academic Press，1993.

[15] 徐光宪，黎乐民，王德名. 量子化学——基本原理和从头计算法 [M]. 北京：科学出版社，1999.

[16] Lowdin P O. Quantum theory of many-particle systems . 1. Physical interpretations by means of density matrices，natural spin-orbitals，and convergence problems in the method of configurational interaction [J]. Phys. Rev，1955，97：1474-1489.

[17] Binkley J S，Pople J A. Mφller-plesset theory for atomic ground-state energies [J]. Int. J. Quantum. Chem，1975，9：229-236.

[18] Pople J A，Headgordon M，Raghavachari K. Quadratic configuration-interaction-a general technique for determining electron correlation energies [J]. J. Chem. Phys，1987，87：5968-5975.

[19] Knowles P J，Hampel C，Werner H J. Coupled-cluster theory for high-spin，open-shell reference wave-functions [J]. J. Chem. Phys，1993，99：5219-5227.

[20] Kendall R A，Dunning T H，Harrison R J. Electron-affinities of the 1st-row atoms revisited - systematic basis-sets and wave-functions [J]. J. Chem. Phys，1992，96：6796-6806.

[21] Schmidt M W，Baldridge K K，Boatz J A，et al. General atomic and molecular electronic-structure system [J]. J. Comput. Chem，1993，14：1347-1363.

[22] Becke A D. Density-functional thermochemistry. 3. The role of exact exchange [J]. J. Chem. Phys，1993，98：5648-5652.

[23] Hohenberg P，Kohn W. Inhomogeneous electron gas [J]. Phys. Rev. B，1964，136：B864.

[24] Kohn W，Sham L J. Self-consistent equations including exchange and correlation effects [J]. Phys. Rev，1965，140：1133-1138.

[25] Sham L J，Kohn W. 1-particle properties of an inhomogeneous interacting electron gas [J]. Phys. Rev，1966，145：561-576.

[26] Becke A D. Density-functional exchange-energy approximation with correct asymptotic-behavior [J]. Phys. Rev. A，1988，38：3098-3100.

[27] Perdew J P，Wang Y. Accurate and simple analytic representation of the electron-gas correlation-energy [J]. Phys. Rev. B，1992，45：13244-13249.

[28] Perdew J P. Density-functional approximation for the correlation-energy of the inhomogeneous electron-gas [J]. Phys. Rev. B，1986，33：8822-8824.

[29] Adamo C，Jacquemin D. The calculations of excited-state properties with time-dependent density functional theory [J]. Chem，Soc. Rev，2013，42：845-856.

[30] Casida M E，Huix-Rotllant M. Progress in time-dependent density-functional theory [J]. Annu. Rev. Phys. Chem，2012，63：287-323.

[31] Marques M A L，Gross E K U. Time-dependent density functional theory [J]. Annu. Rev. Phys. Chem，2004，55：427-455.

[32] Runge E，Gross E K U. Density-functional theory for time-dependent systems [J]. Phys. Rev. Lett，1984，52：997-1000.

[33] Stephens P J, Devlin F J, Chabalowski C F, et al. Ab-initio calculation of vibrational absorption and circular-dichroism spectra using density-functional force-fields [J]. J. Phys. Chem, 1994, 98: 11623-11627.

[34] Lee C T, Yang W T, Parr R G. Development of the colle-salvetti correlation-energy formula into a functional of the electron-density [J]. Phys. Rev. B, 1988, 37: 785-789.

[35] Vosko S H, Wilk L, Nusair M. Accurate spin-dependent electron liquid correlation energies for local spin-density calculations - a critical analysis [J]. Can. J. Phys, 1980, 58: 1200-1211.

[36] Chai J D, Head-Gordon M. Long-range corrected hybrid density functionals with damped atom-atom dispersion corrections [J]. Phys. Chem. Chem. Phys, 2008, 10: 6615-6620.

[37] Vydrov O A, Scuseria G E. Assessment of a long-range corrected hybrid functional [J]. J. Chem. Phys, 2006, 125: 234109.

[38] Vydrov O A, Scuseria G E, Perdew J P. Tests of functionals for systems with fractional electron number [J]. J. Chem. Phys, 2007, 126: 109-154.

[39] Chai J D, Head-Gordon M. Systematic optimization of long-range corrected hybrid density functionals [J]. J. Chem. Phys, 2008, 128: 84106.

[40] Yanai T, Tew D P, Handy N C. A new hybrid exchange-correlation functional using the coulomb-attenuating method (cam-b3lyp) [J]. Chem. Phys. Lett, 2004, 393: 51-57.

[41] Vydrov O A, Heyd J, Krukau A V, et al. Importance of short-range versus long-range hartree-fock exchange for the performance of hybrid density functionals [J]. J. Chem. Phys, 2006, 125: 74-106.

[42] Iikura H, Tsuneda T, Yanai T, et al. A long-range correction scheme for generalized-gradient-approximation exchange functionals [J]. J. Chem. Phys, 2001, 115: 3540-3544.

[43] Henderson T M, Izmaylov A F, Scalmani G, et al. Can short-range hybrids describe long-range-dependent properties? [J]. J. Chem. Phys, 2009, 131: 44108.

[44] Rohrdanz M A, Martins K M, Herbert J M. A long-range-corrected density functional that performs well for both ground-state properties and time-dependent density functional theory excitation energies, including charge-transfer excited states [J]. J. Chem. Phys, 2009, 130: 54112.

[45] Sun H T, Zhong C, Sun Z R. Recent advances in the optimally "tuned" range-separated density functional theory [J]. Acta. Phys-Chim. Sin, 2016, 32: 2197-2208.

[46] Baer R, Livshits E, Salzner U. Tuned range-separated hybrids in density functional theory [J]. Annu. Rev. Phys. Chem, 2010, 61: 85-109.

[47] Korzdorfer T, Bredas J L. Organic electronic materials: Recent advances in the DFT description of the ground and excited states using tuned range-separated hybrid functionals [J]. Accounts. Chem. Res, 2014, 47: 3284-3291.

[48] Chai J D, Head-Gordon M. Long-range corrected double-hybrid density functionals [J]. J. Chem. Phys, 2009, 131: 13.

[49] Lin Y S, Tsai C W, Li G D, et al. Long-range corrected hybrid meta-generalized-gradient approximations with dispersion corrections [J]. J. Chem. Phys, 2012, 136: 12.

2 有机光伏材料的发展简史

  随着现代社会经济的不断发展，不可再生的化石能源日益减少，且化石燃料的开发及其燃烧产物也给环境带来极大的挑战。寻找新的洁净且可持续的能源成为解决能源危机的方法与时代发展的主题。

  太阳能相对于其他能源来讲，具有用之不竭、清洁且不受地域限制的特点。将绿色太阳能资源利用起来以满足人们生活、工作等方面的能源需求对人类社会可持续发展极其重要。在众多利用太阳能的器件中，光伏器件是实现太阳能向电能转化的重要手段。光伏器件按材料种类主要分为无机、有机和有机无机杂化三大类。无机太阳能电池利用太阳能的效率虽较高，但像高纯硅、砷化镓等无机盐材料的制备成本高且制备过程中会对环境造成污染，并且柔性差。针对这些缺点，研究者们发展了下一代太阳能电池：有机和有机无机杂化薄膜太阳能电池，后者包含钙钛矿以及染料敏化太阳能电池[1,2]。有机光伏电池由于具有材料的种类数目多、制备工艺简单、轻便可折叠、价格低廉等特点而备受关注，具有重要的应用前景。

  有机光伏器件，其经过近十年来的发展，其光电转换效率已经从2%左右提高到现在的 16.5%[3]，见图 2-1，有机光伏器件表现出良好的商业化潜力。

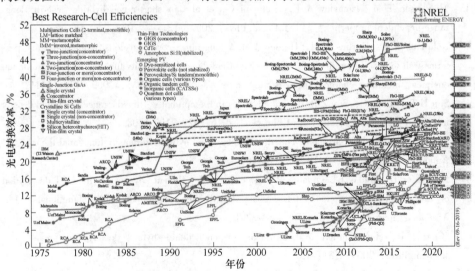

图 2-1 太阳能光伏器件光电转化效率的发展图

（图片来源：https：//www.energy.gov/eere/solar/downloads/research-cell-efficiency-records，书后有彩图）

2.1 有机光伏电池分类

有机太阳能电池当前还存在光电转换效率低和稳定性差的问题。因此，对有机太阳能电池的研究目前主要围绕有机活性层材料、修饰层材料的开发和有机太阳能电池结构的改进两方面，以解决有机太阳能电池的两大重要问题。有机太阳能电池的活性层结构发展经历了单层同质结、双层异质结、混合本体异质结构三个阶段。同时，按串联与否，分为单节和串联结构有机太阳能电池。

单层同质结有机太阳能电池，又名肖特基型电池。其活性层材料只包含一种有机材料，其结构为：有机材料夹在低功函数（一般为金属材料）和高功函数（一般为氧化铟锡 ITO）材料之间（功函数指将一个电子移出金属成为自由电子所需能量）。在光照条件下，一般是有机材料 HOMO（highest occupied molecular orbital）能级上的电子被激发到 LUMO（lowest unoccupied molecular orbital）或更高能级上，形成的电子（激发电子）空穴（HOMO 能级上电子激发跃迁后留下的空轨道）对，即激子。由于有机薄膜与不同功函数的电极材料接触后产生不同内生电势，这种电势差（内建电场），驱动电子和空穴分离，继而产生自由电子与空穴，分别会被阴极与阳极收集，从而实现光到电的转化。这种有机太阳能电池的效率的提高依靠不同功函数与有机材料的匹配以实现激子的分离，效率很低。1958 年，第一个单层同质结有机太阳能电池诞生[4]，有机活性层为酞菁镁（MgPc），开路电压为 0.2V，但其光电转换效率非常低。这种结构的有机太阳能电池现在很少被使用。图 2-2a 是单层同质结结构的示意图。

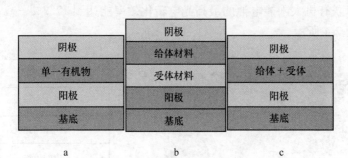

图 2-2　有机太阳能电池的结构示意图
a—单层同质结结构；b—双层异质结结构；c—混合本体异质结结构

双层膜异质结太阳能电池，最早是在 1986 年，由柯达公司的邓青云博士将两种材料 CuPc/PV 制成的双层膜结构[5]，光电转化效率达 1%，相比于单质结构构，这种二元结构极大提高了有机太阳能电池的光电转化效率。其工作原理为：一层为电子给体（Donor，N 型半导体），另一种为电子受体（Acceptor，P 型半导体），给体和受体在接触面由于电势差产生内建电场。在光照条件下，给体

HOMO 能级的电子跃迁到 LUMO 或者以上的能级形成激子，激子随后扩散到给体/受体界面，在给体/受体界面的内建电场驱动下，激子分离为自由电子与空穴，分别沿着受体与给体材料迁移到阴极与阳极，形成电流，实现光电转换。此种结构相比单质结，革命性地提高了光电转换效率。尽管如此，但由于给受体之间的接触面积有限，限制了激子的分离，因而限制光电转化效率。双层膜异质结有机太阳能电池的示意图如图 2-2b 所示。

　　针对双层异质结太阳能电池的缺点，混合异质结太阳能电池很快出现，即给体与受体材料形成混合的、连续且共渗的结构，极大增加了给体与受体之间的接触面积，使得激子在被扩大的界面上分离。其极大提高了激子的分离效率，进而提升了光电转化效率。具有这样的给受体形成连续与共渗的结构的太阳能电池被叫做混合本体异质结太阳能电池。目前混合本体异质结结构在太阳能电池中应用得十分广泛，是当前有机太阳能电池的主流结构。混合本体异质结太阳能电池的结构如图 2-2c 所示，其中图 2-3 展示该种太阳能电池结构活性层中给体与受体材料形成的连续且共渗的网络结构。

　　串联结构，是将多个活性层材料在溶剂处理条件下形成正交的、串联结构的有机太阳能电池。串联结构吸引了众多研究者的广泛关注，因为串联电池一方面能够实现开路电压的叠加，另一方面还能通过活性层材料的选择实现太阳能资源即不同波长波段的良好利用。其中，活性层材料选择原则要考虑材料能隙的匹配，以实现在可见光区域的广泛吸光；中间传输层、空穴传输层与电子传输层尽量在可见光与近红外区域内是透明的，以减小对后一层亚活性层的光吸收的影响。目前串联有机太阳能电池的最高光电转化效率能达到 17.3%[6]。串联结构的示意图如图 2-4 所示。

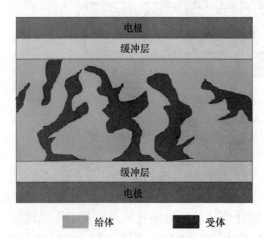

| 阴极 |
| 电子传输层 |
| 后电池活性层 |
| 中间传输层 |
| 前电池活性层 |
| 空穴传输层 |
| 阳极 |
| 基底 |

图 2-3　混合本体异质结活性层结构（书后有彩图）　　　图 2-4　串联结构太阳能电池

2.2 有机光伏电池工作原理

有机光伏的工作原理如图 2-5 所示，简单分为以下步骤：第一步光子的吸收与激子的产生，第二步激子的扩散与分离，第三步自由电子与空穴迁移至阴极与阳极。

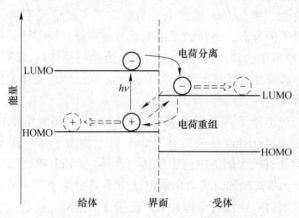

图 2-5 有机太阳能电池的工作原理

2.2.1 光子的吸收与激子的产生

当前有机光伏器件活性层主要是由给体、受体材料组成的，在外界光照射下给受体的 HOMO 能级（分子最高占据轨道）的电子接收光子的能量跃迁到 LUMO（分子最低未占据轨道）或者更高轨道，而相应地会在 HOMO 能级上形成一个空穴，与跃迁电子相对应。由于有机半导体的介电常数较小，吸收光子后不能直接产生离域的电子与空穴，这种具有一定束缚能的电子-空穴对，也叫"激子"。其中光子的吸收会影响光电流的产生，而材料的选择会极大程度上影响光子吸收。需要注意的是，由于太阳光的主要能量分布在可见光与近红外区域，因此选择具有窄带隙的材料能实现吸收光谱在近红外区域的覆盖。同时应该考虑给体与受体材料的吸收光谱的相对互补，从而能使光子尽可能地被吸收，提高外量子效率（external quantum efficiency，即产生的电子数目与照射到物体上光子数目的比值）。其中与之对应的内量子效率（internal quantum efficiency）的解释见 2.3 节）。在串联结构中，还需要考虑前后亚电池及中间连接层的吸光范围以实现活性层材料对光子的高效吸收。

2.2.2 激子的扩散与分离

在激子产生后，激子需要扩散到给体与受体界面才能实现后续的激子的分离。而激子扩散存在一定距离限度，一般为 10nm 左右[7]。若给体受体微观结构单元尺寸大于距离的限度时，激子将不能扩散到给受体界面实现激子有效的分离。一方面，在混合异质结构中给体与受体形成连续的、共渗的网络结构，增大给体与受体之间的接触面积；另一方面，适合的相尺度。它们都将有利于激子扩散到界面实现分离。

被一定束缚能"绑"在一起的电子与空穴，一般情况下需要在一定的势能差下才能完成激子的分离，而将激子中电子与空穴分开所需要的能量称为"激子结合能"，后续章节中会详细叙述。在实际由给体与受体组成活性层的太阳能电池中，激子的分离发生在给体与受体的界面上，在给体与受体之间势能差的作用下实现激子的分离。

一般来说，对于基于富勒烯及其衍生物的有机太阳能电池中，需要给受体 LUMO 能级的差值（driving force）在 0.3eV 以上使激子在界面上实现高效的分离[8]。而非富勒烯有机太阳能电池中给体与受体之间 LUMO 能级差值可以很小，一般小于 0.1eV。非富勒烯有机太阳能电池中不需要促使激子分离的势能差或是势能差很小的原因目前还没有合理并被广泛接受的解释，这也是在有机太阳能电池研究领域中众多研究者致力探索的方向之一[9]。

2.2.3　自由电子与空穴的传输

激子分离产生自由的电子空穴后，电子和空穴将会分别沿着受体与给体材料中的电子与空穴"通道"传输到两电极，随后被电极提取，实现光与电的转换。

其中，电子与空穴的分离和传输对给体受体的微观形貌十分敏感。对于混合异质结太阳能电池来说，若给受体材料的互溶性较差，给体或受体自身若产生较大面积的聚集，将不利于电荷分离。若相分离尺寸过大也不利于电子空穴的传输，会导致电子与空穴没扩散到电极就会产生复合。若相分离尺寸过小，易形成结晶也不利于电子或空穴扩散。如果给受体的混合结构还存在杂质，杂质附近可能是电子空穴的复合点，从而影响电子、空穴的传输，影响后续的电荷提取过程。

2.3　有机光伏性能的影响参数

影响有机光伏材料的光电转换效率的重要参数，有外量子效率、内量子效率、开路电压、短路电流密度等。

外量子效率（external quantum efficiency）指的是物体吸收光子后跃迁产生的电子数目与照射在物体表面的入射光子数目的比值。

内量子效率（internal quantum efficiency）指的是物体吸收光子后跃迁出的电子数目与进入物体的光子数目的比值。

开路电压（open circuit voltage，V_{OC}）指的是在未连接负载即处于开路状态下电池两端的电压，是有机光伏器件中衡量器件性能的参数之一，见图 2-6。

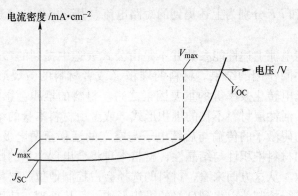

图 2-6　$J\text{-}V$ 曲线示意图

经验公式[10]：

$$V_{OC} = \left(\frac{1}{e}\right)\left(\mid E_{HOMO}^{D}\mid - \mid E_{LUMO}^{A}\mid\right) - 0.3V \tag{2-1}$$

式中，E_{HOMO}^{D} 为给体分子的 HOMO 能级能量；E_{LUMO}^{A} 为受体分子的 LUMO 能级能量；e 为带电量。从公式上看，高数值的开路电压的获得依赖于太阳能电池中给体、受体材料的能级匹配，高的开路电压需要给体材料的 HOMO 能级较低，这与实验中得到的结果具有一致性，具体计算方法可见后续章节。

短路电流（short-circuit current，J_{SC}）指的是电池中，在未接入任何负载直接将电池的正极与负极连接起来，而获得的最大电流，见图 2-6。其中，短路电流受吸收光范围、活性层材料的微观结构以及活性层材料与电极材料的接触所影响，因为这几个因素分别会影响到光激发、电荷传输与提取。使活性层材料的吸收光谱与可见光及近红外区域产生较大重叠，使得给体材料与受体材料实现吸收光范围互补；以及良好的微观结构与相分离尺寸与接触形式，都有利于获得较高的短路电流。

其中，电流-电压曲线中能直观地反映出开路电压与短路电流，如图 2-6 所示。其中，J_{max} 与 V_{max} 分别表示最大输出功率时能获得的电流与电压的最大值。

填充因子（fill factor，FF）指在电池中具有最大输出功率的某点的电流与电压的乘积比上短路电流与开路电压的乘积所获得的数值。

$$FF = \frac{J_{max}V_{max}}{J_{SC}V_{OC}} \tag{2-2}$$

式中，J_{max} 与 V_{max} 为最大输出功率时对应的电流与电压；J_{SC} 与 V_{OC} 分别为短路电流与开路电压。

最后，光电转化效率（power conversion efficiency，PCE）可定义为单位时间内外电路中产生的电子数目与入射光子数目的比值。

$$PCE = \frac{J_{SC} \times V_{OC} \times FF}{P_{in}} \quad\quad\quad (2\text{-}3)$$

式中，J_{SC}、V_{OC} 和 FF 分别为上述提到的短路电流、开路电压和填充因子；P_{in} 为入射光功率[11]。

有机太阳能电池上述性能参数并不是由公式表达中提到的参数单一控制的，而是许多因素共同作用的结果。材料的堆积（或者材料的微观形貌）是影响有机太阳能电池光电转化效率等的重要因素之一。材料的堆积会影响激子的扩散、电荷的传输等。活性层材料不良的堆积形式，或者由材料本身的结构控制结晶性比较差，都会妨碍激子的传输与后续电子与空穴的迁移至两电极的过程。另外，具有极其良好的材料堆积性与结晶性，材料本身将会出现大量的团聚，影响相分离与激子的扩散。从这方面来看，材料的选择会占控制地位，材料结构从本质上对材料的堆积进行控制，以得到良好的堆积形式；而热处理、使用某些添加剂也会对微观结构产生影响。同时，现在的有机光伏器件的活性层主要是由给体与受体材料组成的二元或多元材料构成，给体和受体材料也需要实现能级匹配以提高光电转化效率等。材料的选择、设计与匹配成为在近几年的有机太阳能电池的研究热点。目前通过活性层材料的选择与器件的优化能够获得单结有机太阳能电池超过 16% 的光电转化效率[3,12]。

2.4　给体受体材料类型

2.4.1　聚合物材料

聚合物指将小分子单体由加聚反应后形成的产物，聚合物会具有重复单元，重复单元的数目叫做聚合度，一般来说聚合度小且分子质量总体很小的聚合物叫做低聚物，而分子聚合度很大且分子质量很大能达到几百万的叫做高聚物。

聚合物常被用于有机太阳能活性层材料，以下将列举几种常见的作为给体材料使用的聚合物[8]。

（1）P3HT 聚合物，常作为给体材料，其具有结构简单、制造容易以及成本相对低的优势。从光电性质来讲，P3HT 是一种具有较宽带隙的聚合物，吸光范围主要在 300~600nm 之间，分子轨道能级 LUMO（最低未占据轨道）与 HOMO（最高占据轨道）能量分别为 −3.0eV 与 −5.0eV 左右。并且，从微观结构上来看，P3HT 在退火之后能显示出良好的结晶性能。其中 P3HT 的结构简式如图 2-7a 所示。

（2）PTB7-Th，也是被广泛使用的有机聚合物给体材料，从光电性质来看，PTB7-Th 是一种窄带隙的聚合物材料，它的吸光范围在 800nm 左右。PTB7-Th 的前线分子轨道能级 LUMO（最低未占据轨道）与 HOMO（最高占据轨道）能量分别为 −3.64eV 与 −5.22eV 左右。PTB7-Th 也具有一定的结晶性。其结构简式如图 2-7b 所示。

（3）PDBT-T1 聚合物，相比于上述两种给体聚合物而言，它是具有中等带隙的聚合物给体材料，吸收光范围在700nm左右。并且，相比于上述两种聚合物给体材料而言，其具有更高数值的开路电压，因为前线分子轨道能级中具有较深的HOMO能级（-5.36eV）及-3.43eV的LUMO能级。同时，从微观结构上看，PDBT-T1具有良好的结晶性，能在与受体材料的混合中呈现出良好的相分离。PDBT-T1结构简式如图2-7c所示。

（4）PBDTTT-C-T，PBDTTT-C-T有机聚合物给体材料在2011年被报道，它是上述PTB7-Th的类似物，相比于PTB7-Th，它缺少氟原子以及某些支链不同。从前线分子轨道能量来看，PBDTTT-C-T具有较高的HOMO与LUMO能量值，分别为-5.11eV和-3.25eV，可以匹配某些具有较高HOMO与LUMO能量值的受体材料。同时，其具有与PTB7-Th类似的吸光范围500~800nm。从结晶性来看，与PTB7-Th类似。PBDTTT-C-T结构简式如图2-7d所示，图中 n 皆为聚合度。

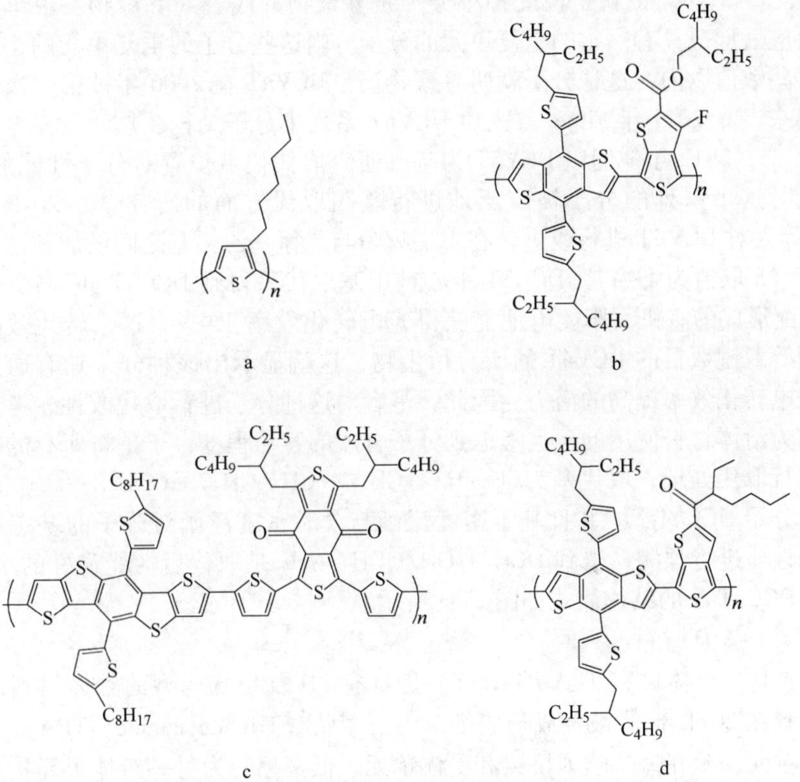

图2-7 常见给体聚合物材料结构简式

a—P3HT；b—PTB7-Th；c—PDBT-T1；d—PBDTTT-C-T

2.4.2 小分子材料

有机小分子材料，指分子组成确定，具有一定且较小的分子质量或聚合度很小的有机分子。

在有机太阳能活性层材料的选择中，有机小分子材料因为具有分子质量确定、易于合成、纯化及改性等优势被广泛地研究[13~15]。目前对有机小分子的研究主要聚焦于将给体单元与受体单元结合设计新型的给体或者受体材料，这样设计的材料由于本身具有电荷的"推拉"将会促进电荷在分子内部的转移，并且能够通过这种设计实现能级与吸收光谱范围的调节[16]。其中，后续要谈到的非富勒烯受体小分子材料的设计很多采用的是给体与受体组合的设计思路。以下将给出几种比较具有代表意义的给体单元与受体单元结合的小分子设计实例，构型分别为给体（donor，简称 D）、受体（acceptor，简称 A）依照如下组合：A-D-A，D-A-D。

（1）A-D-A 型材料。典型的 A-D-A 型给体小分子材料，例如以二氰基乙烯基为受体单元，噻吩为给体单元构成的分子 DCVnT，其中 n 为噻吩环数目，n 取值为 1，2，3，4。也就是说此种小分子是寡聚物的代表（寡聚物：由单体经过聚合反应后形成具有一定的重复单元的分子，当这些分子的重复单元的个数被限定在某些数值以内，这种分子就叫寡聚物。）。DCVnT 在 2006 年被第一次设计与合成出来[17]，2011 年 Fitner 等人对 DCVnT 系列小分子结构、热学及光电性能进行表征[14]，2012 年他们以 DCV5T 为基础研究取代位点位置对分子性能的影响。与此同时这个系列的分子被广泛地进行基团取代方面的研究[18]。2015 年[19]，Fitner 等人对 DCVnT 进行改进，在末端噻吩与二氰基乙烯基之间增加环己烯构成 DCCnT（n 取值为 1~4）。DCC3T 中心被甲基取代后得到 DCC3T-Me 与受体材料 C60 匹配形成的有机太阳能电池能获得光电转化效率 4.4%，这个转化效率高于具有同等双键数目的 DCV4T 的所有衍生物，这就显示出该种分子具有通过取代实现光电转化效率提高的潜力。因此，笔者对这种分子进行取代改性，考虑到分子是作为给体材料使用的，且考虑到分子合成的容易程度，于是将所有的噻吩单元都进行取代处理，取代基为（—H/—CH$_3$/—CH＝CH$_2$/—OCH$_3$/—NH$_2$/—OH）得到新分子 DCCnT-X。并且基于密度泛函与含时密度泛函对分子的基态性质与激发态性质进行预测，得到 DCC3T-OH/OCH$_3$/NH$_2$ 是取代后性能最好的小分子。其中，DCCnT-X 的结构简式如图 2-8a 所示。

（2）D-A-D 材料。

D-A-D 型给体材料 TPA-BT-HTT，是具有 3D 及星状构型的给体材料。这种给体材料在 2011 年[20] 被合成与表征，由三苯胺（Triphenylamine，TPA）为核心与给体单元，苯并噻二唑为桥梁和受体单元，低聚噻吩为另一给体单元构成，其结构简式如图 2-8b 所示。未经任何处理能与 PC61BM 获得光电转化效率 4.3%，是当时基于小分子与溶剂处理能够达到的最高效率之一，同时也证实这种星型的小分子是基于溶剂处理的有前途的给体材料。

表 2-1 中总结了目前极具代表性的有机太阳能电池的给体受体材料的选择与各有机光伏参数。

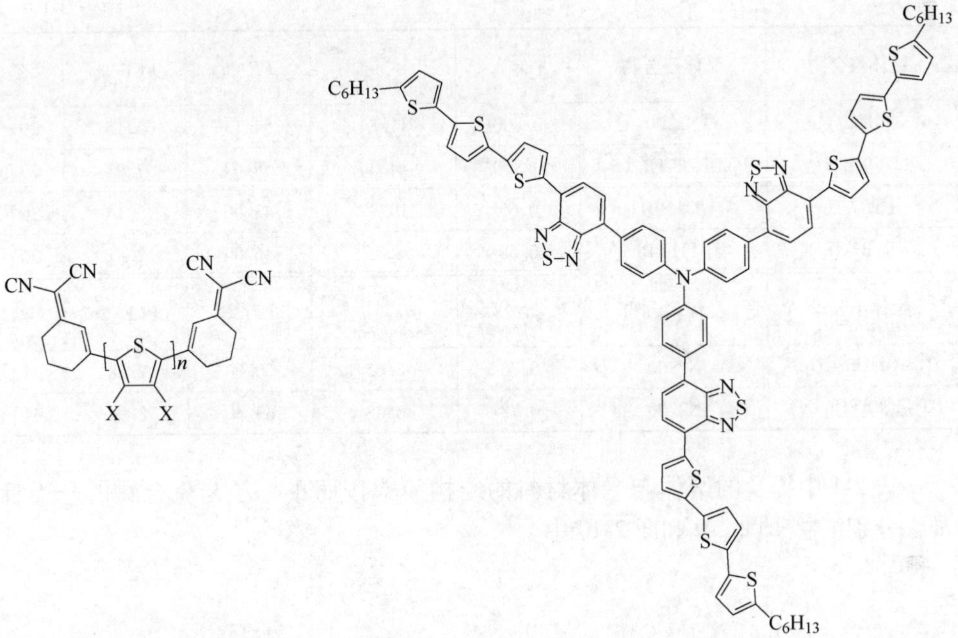

图 2-8 给体受体单元组合的给体小分子材料结构简式

a—DCC*n*T-X；b—TPA-BT-HTT

表 2-1 有机太阳能电池中给体材料与受体材料的选择与各参数的汇总

给体小分子	受体小分子	开路电压 V_{OC}/ V	短路电流 J_{SC} /mA·cm^{-2}	填充因子 FF/%	光电转化效率 PCE/%	文献
DF-PCIC	ITIC	0.910	15.66	72.00	10.14	[21]
BDT-2t-ID	PC71BM	0.970	14.20	50.00	6.90	[22]
H11	IDIC	0.977	15.21	65.46	9.73	[23]
DRTB-T	IC-C6IDT-IC	0.980	14.25	65.00	9.08	[13]
给体聚合物	受体小分子	V_{OC}/V	J_{SC} /mA·cm^{-2}	FF/%	PCE/%	文献
PBDB-T	NCBDT	0.839	20.33	71.00	12.12	[24]
FTAZ	IDIC	0.840	21.40	67.50	12.14	[25]
PBDT-S-2TC	ITIC	0.960	16.40	64.30	10.12	[26]
FTAZ	INIC3	0.852	19.68	68.50	11.50	[27]
P2F-EHp	Y6	0.810	26.68	74.11	16.02	[12]
PM6	Y6	0.820	25.20	76.10	15.70	[28]

给体聚合物	受体聚合物	V_{OC}/V	J_{SC} /mA·cm^{-2}	FF/%	PCE/%	文献
PBDB-T	N2200	0.800	11.84	54.13	5.15	[29]
PBDB-T	PNDI-2T-TR（5）	0.860	14.34	58.67	7.23	[29]
PTB7-Th	PTbPDI	0.65	10.97	43.00	3.14	[30]
PTB7-Th	PTTbPDI	0.68	8.75	46.00	2.81	[30]
给体小分子	受体聚合物	V_{OC}/V	J_{SC} /mA·cm^{-2}	FF/%	PCE/%	文献
DTSi（FBTTh$_2$Cy）$_2$	N2200	0.78	5.65	60.00	2.68	[31]
DTGe（FBTTh$_2$Cy）$_2$	N2200	0.78	6.08	63.30	3.04	[31]

表 2-1 中提及的给体与受体材料的结构简式按照小分子与聚合物的分类标准，分别汇总于图 2-9 和图 2-10 中。

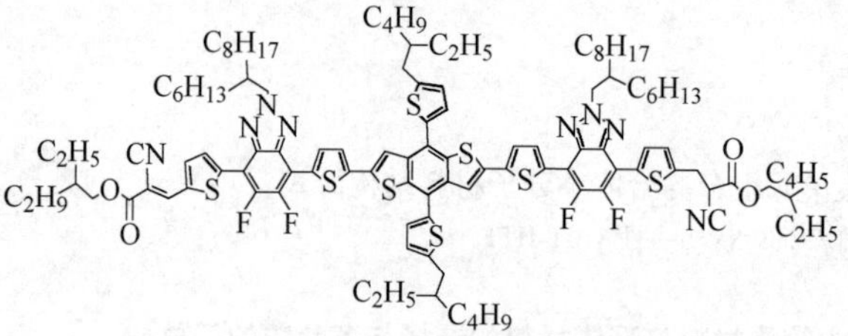

a

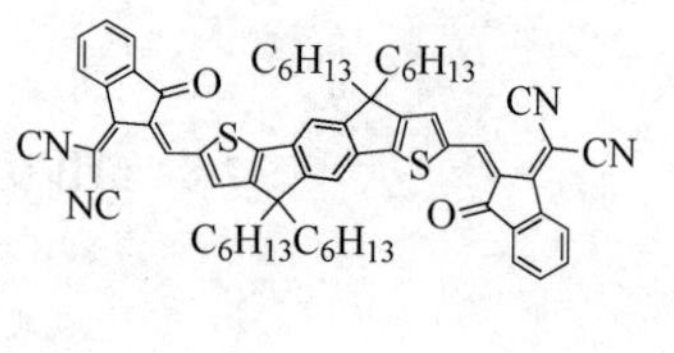

b

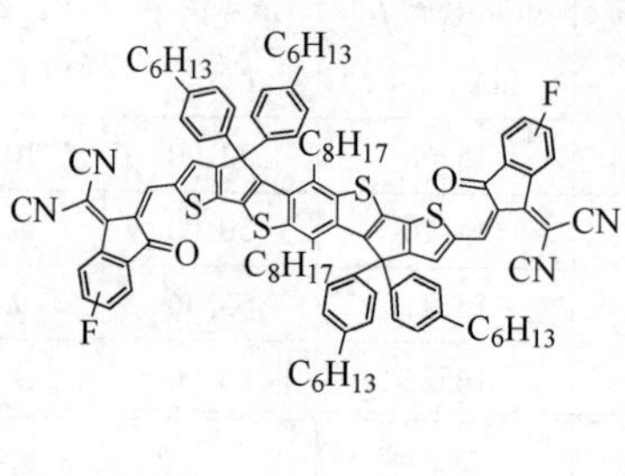

c

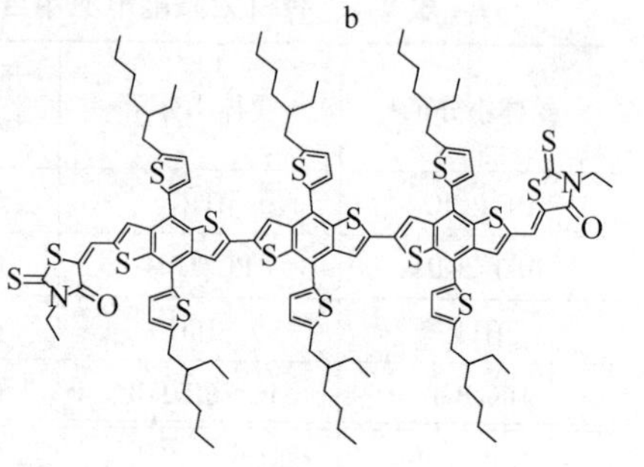

d

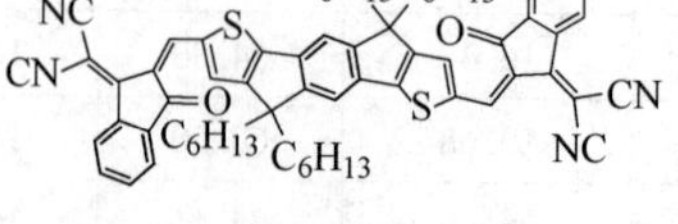

e

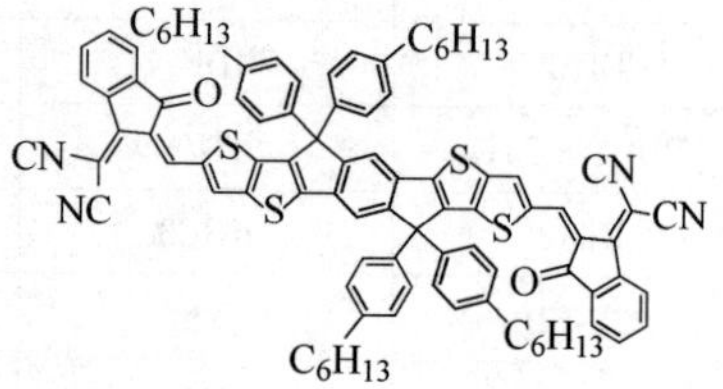

f

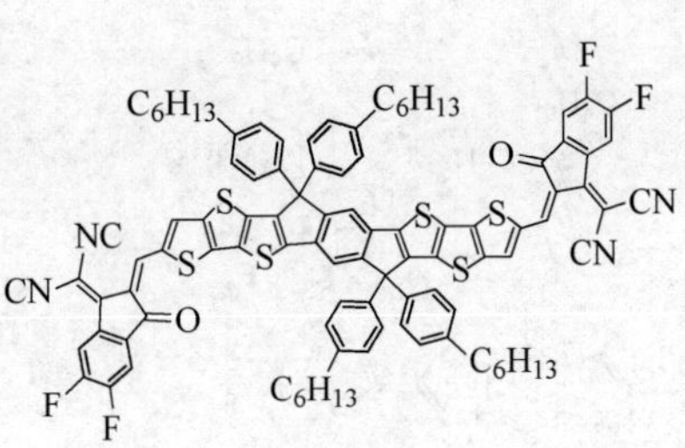

g

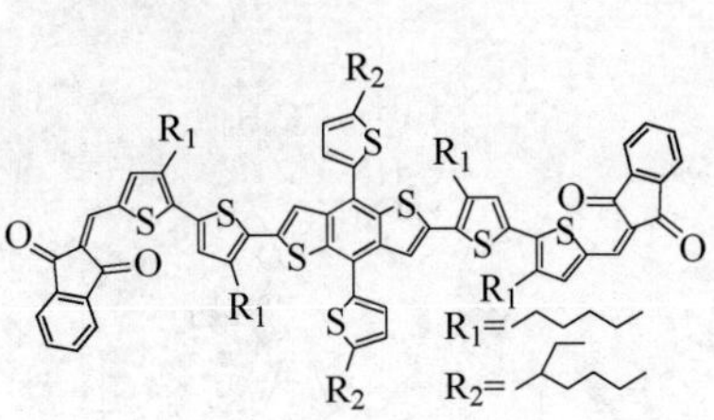

h

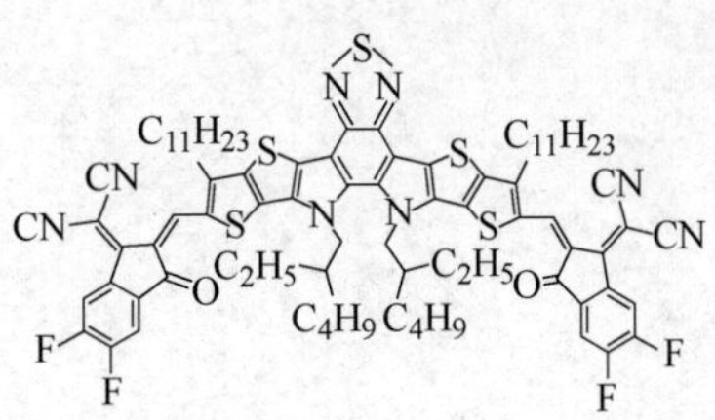

i

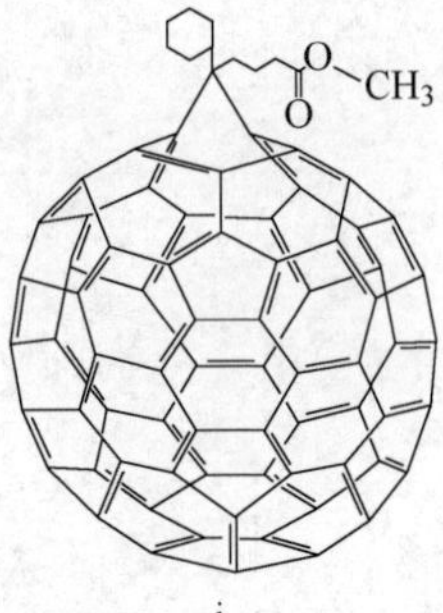

j

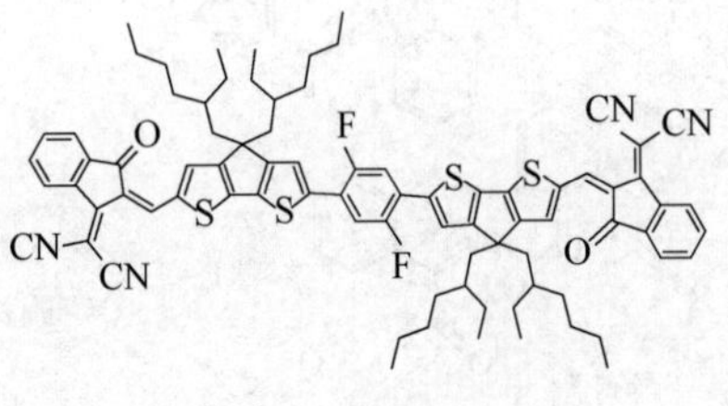

k

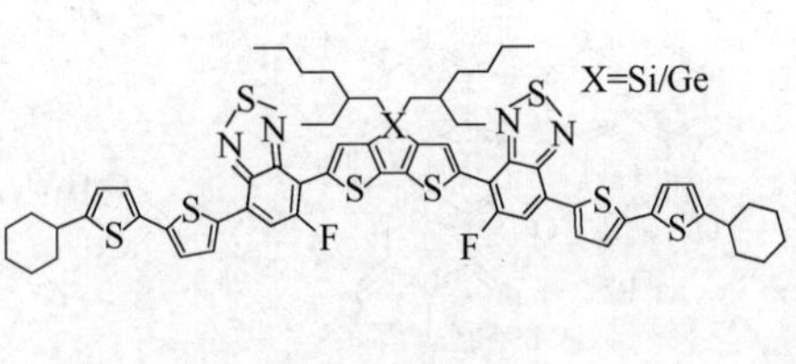

l

图 2-9 表 2-1 中所述小分子材料结构简式汇总

a—H11；b—IDIC；c—NCBDT；d—DRTB-T；e—IC-C6IDT-IC；f—ITIC；g—INIC3；h—BDT-2t-ID；i—Y6；j—PC71BM；k—DF-PCIC；l—DTSi（FBTTh$_2$Cy）$_2$/DTGe(FBTTh$_2$Cy)$_2$

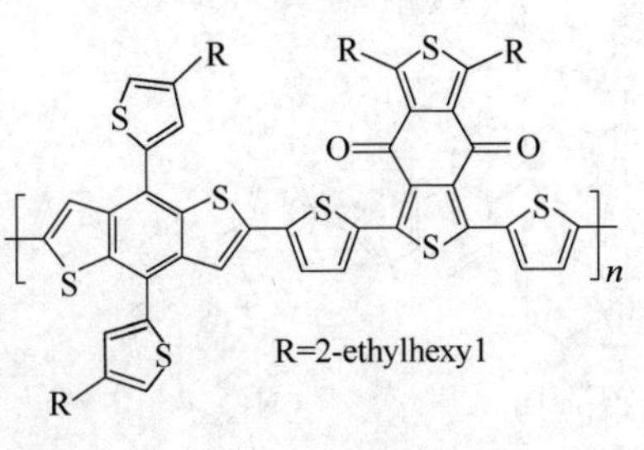

a

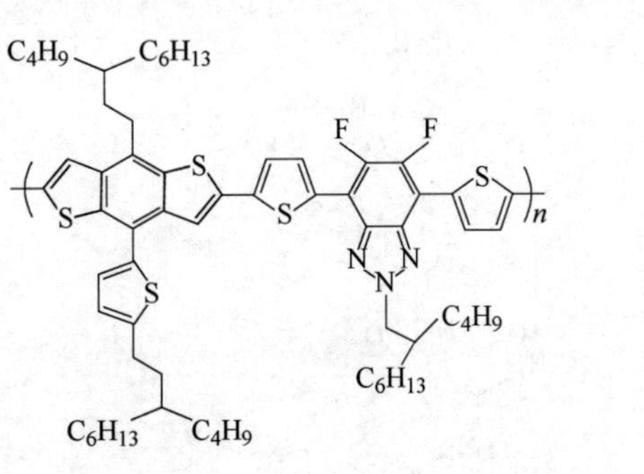

b

c

d

e

f

g

h

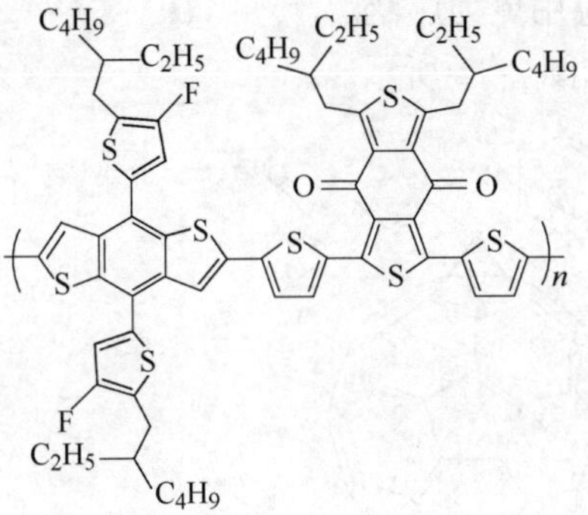

图 2-10 表 2-1 中所述聚合物材料结构简式汇总

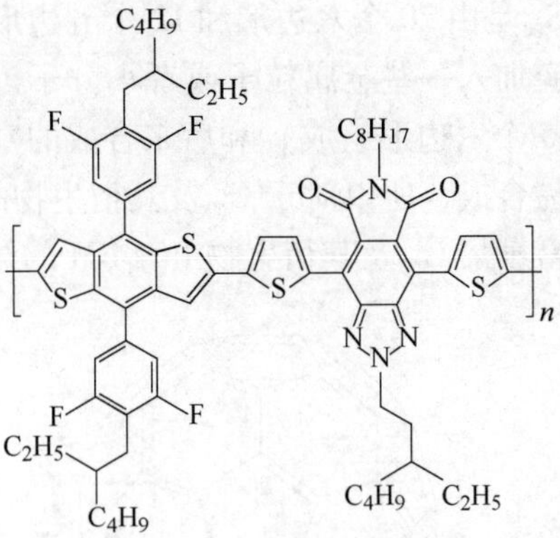

a—PBDB-T；b—FTAZ；c—PBDT-S-2TC；d—PTB7-Th；e—PTTbPDI；

f—PTbPDI；g—N2200；h—PNDI-2T-TR(x)；i—PM6；j—P2F-EHp

2.5 富勒烯和非富勒烯受体材料

富勒烯及其衍生物作为受体材料在有机太阳能电池中应用很广泛，其作为受体材料会得到关注是由于富勒烯是良好的电子受体，且电子重回给体的可能性比较低。但是，富勒烯及其衍生物显示出在可见光范围内吸收弱、稳定性差（容易产生二聚反应），并且不容易通过结构的改变实现能级的调控等显著缺点。因此，非富勒烯类的材料代替富勒烯材料作为受体在近几年成为有机太阳能电池的研究热点之一，并且基于非富勒烯受体小分子的单结有机太阳能电池实现了光电转化效率 16%以上的突破[3]。

2.5.1 富勒烯材料

早在 1985 年英国化学家哈罗德·沃特尔·克罗托博士和美国科学家理查德·斯莫利等人以激光汽化蒸发石墨实验首次制得由 60 个碳组成的碳原子簇结构分子 $C_{60}^{[32]}$，引起了广大研究者的兴趣。由于 C_{60} 分子结构与足球类似，故称为足球烯，且受到建筑学家巴克明斯特·富勒设计的加拿大蒙特利尔世界博览会球形圆顶薄壳建筑的启发，也将其称为巴克明斯特·富勒烯（Buckminster fullerene），简称富勒烯（fullerene）。

目前富勒烯已经广泛应用于生物医学、催化剂、超导材料、有机光伏等各个领域。制备富勒烯的方法有：化学合成、ARC 放电、激光加热等[33]。

　　C_{60}是由 20 个六边形和 12 个五边形构成，内部含有一个大的空腔，可以在内部空腔加入一些金属粒子或者小分子，改变其性质。此外富勒烯家族中还有 C_{70}（由 25 个六边形组成）和后来合成的富勒烯衍生物 PCBM 系列。而 C_{60} 相对而言更容易合成，所以对于 C_{60} 及其衍生物的研究和应用更为广泛。

　　富勒烯 C_{60} 及其衍生物 $PC_{61}BM$ 的结构简式如图 2-11 所示。

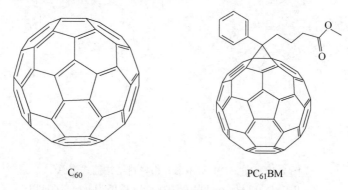

C_{60}　　　　　　　　　　　　　$PC_{61}BM$

图 2-11　几种富勒烯的结构简式

　　富勒烯由于其特殊的共轭球状结构，具有比较好的电子接受能力，一直以来是公认良好的有机太阳能电池电子受体材料。为了进一步提高其溶解性，在 C_{60}、C_{70} 基团中加入烷氧基等侧链，得到的富勒烯类衍生物 $PC_{61}BM$、$PC_{71}BM$，且其溶解性得到一定的改善。

　　最早以富勒烯为电子受体制备有机光伏器件是在 1992 年，Sariciftci 发现激发态的电子可以很快通过有机半导体注入到 C_{60} 中[34]，这是因为球状 C_{60} 表面是个很大的共轭结构，使得接受的电子可以很好地离域其中，达到稳定。而后，在此基础上 Sariciftci 制备出了 PPV/C_{60} 双层膜异质结太阳能电池[35]，为众多研究者提供了很好的思路。至此，以 C_{60} 为电子受体的有机光伏器件发展更加猛烈。通过研究者们的不懈努力探索，以富勒烯为电子受体的有机太阳能电池效率突破 11%[36,37]。

　　尽管如此，富勒烯仍有以下固有缺点：首先，球状的富勒烯很难对它进行改性，带隙调控非常困难。尽管可以适当加入一些侧链，但是对其能级水平和吸收能力影响并不大，只能提高一定的溶解性。选择给体材料的过程需要配合富勒烯受体材料的能级水平以实现更高的开路电压和更好的光吸收，这样很大程度上限制了给体材料的选择，实验表明大多数给体材料与富勒烯受体所设计的单节光伏器件效率一直没有突破 12%[37]；其次，以富勒烯为受体制备的有机光伏器件对可见光的吸收有限，富勒烯受体的微弱吸收主要是由于其分子是具有高度对称性的球状结构，这直接导致短路电流密度得不到提高，其光电转换效率停滞不前；此外，富勒烯因其自身的分子构型，容易聚集，影响电荷的有效分离；最后，以给体：富勒烯受体体系设计的光伏器件的电压损耗一般是远高于硅基和钙钛矿太阳能电池的，导致有机太阳能电池的开路电压很低。

以上列举的富勒烯作为电子受体的固有缺点，使得这二十年来有机太阳能电池的光电转换效率一直得不到快速发展，这迫使研究者们急需找寻新的受体材料，与现有的众多给体材料相配合，进一步推进有机太阳能电池的发展。

2.5.2 非富勒烯受体

最早的非富勒烯受体小分子是稠合芳族二酰亚胺的受体[38,39]，其中以二酰亚胺（PDIs）和萘二酰亚胺（NDIs）研究较多，它们具有强光吸收、成本低廉、稳定性好等优点。PDI 具有平面的刚性共轭骨架，以 PDI 小分子作为电子受体所制备的有机光伏器件，容易形成大的晶粒尺寸，从而引起的聚集效应对器件是不利的，所以对于这类小分子，可以通过连接 PDI 单元以形成二聚体使其主链发生扭曲，或者基于 PDI 单元合成得到聚合物非富勒烯受体，有效降低聚集效应。以这类小分子为基础，对其进行化学修饰改性的方法为研究者们提供了很好的思路。近两年在研究者们的不懈努力下，设计并合成了 ITIC、Y6 等性能优异的非富勒烯受体材料[28,40]，有机太阳能电池的转换效率也在不断突破更新。

自 2014 年以来，以非富勒烯为受体的有机太阳能电池的光电转换效率不断更新和突破，现就单节有机太阳能电池而言已达到 16.35%[3]，这也证明非富勒烯受体的研究对发展有机太阳能电池领域有着非常重要的意义。下面将从非富勒烯受体的优点及意义着手展开讨论，并列举一些典型的非富勒烯受体材料，希望从中得到一些发现与启示。

2.5.2.1 非富勒烯受体的优点及意义

近两年，以非富勒烯为受体的有机光伏器件发展迅猛，研究者从非富勒烯的主链、侧链、末端基团等方面做化学修饰，设计并合成出各方面性能都优于富勒烯的电子受体材料。相较于富勒烯受体，非富勒烯受体最大的优点有以下两点：一是非富勒烯受体往往表现出更好的溶解性、更广泛的光吸收性和可调节的能级水平。这些优点使得可以选择很好的与之匹配给体材料，实现可见光的互补吸收，以及提高开路电压。二是非富勒烯受体在可忽略或很低的驱动能量下使激子发生分离而产生光生电荷，相较于富勒烯受体设计的光伏器件有更低的电压损耗[9]。

基于非富勒烯所具有的这些优点，研究者们不懈努力，从材料本身结构出发，如今已经设计并合成出一种非富勒烯受体 Y6，与聚合物给体材料 PM6 相匹配的混合本体异质结单节太阳能电池的光电转换效率达到了 15.7%，这高于基于富勒烯为受体的有机光伏器件[28]。

　　在提高有机光伏器件的转换效率方面，此次突破让研究者们更加坚信非富勒烯受体的巨大潜力；此外，通过加入烷基侧链的方法，可以增加非富勒烯受体的溶解性，有效降低聚集效应，实验表明，许多非富勒烯受体在常用溶剂中都表现出不错的溶解性，这也为实现绿色溶剂、减少环境污染等问题提供很好的思路[41]。具有刚性骨架的各向异性的非富勒烯受体比球状结构的各向同性的富勒烯受体具有更低的流动性，所以基于非富勒烯受体的有机太阳能电池具有更好的形态稳定性。有机太阳能电池存在的主要问题在于光电转换效率低和器件稳定性差，以上非富勒烯受体所表现出的良好性能为解决有机太阳能电池的主要问题带来了希望。

2.5.2.2　典型的非富勒烯受体

A　ITIC 系列

　　ITIC 作为近两年来最热门的非富勒烯受体之一，具有吸收光谱和能级可调性，很多研究者基于 ITIC 分子对其进行化学修饰，合成并设计出许多优异性能的非富勒烯受体。ITIC 的分子结构简式如图 2-12 所示。

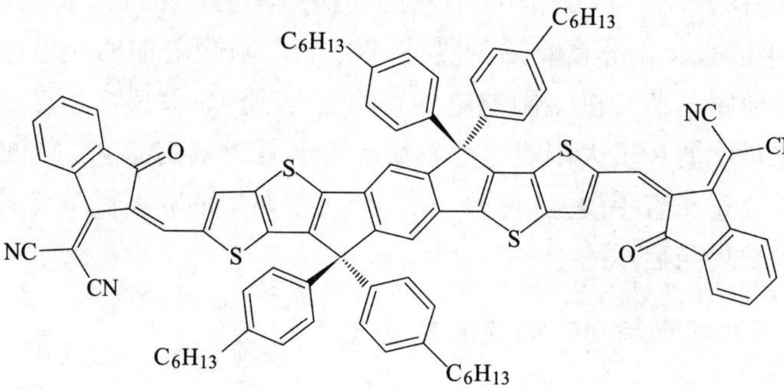

图 2-12　ITIC 分子结构简式

　　2015 年中科院化学所占肖卫研究组[40]合成了 ITIC 这一类分子，并将其作为有机太阳能电池中的电子受体材料，配合了众多给体小分子或聚合物材料，得到了从 4% 到 14% 的光电转换效率的提升[42,43]。这主要源自于 ITIC 本身的分子构型的优异性，它作为 A-D-A 结构的受体，核心部分是 IDTT 给电子（D）单元，两端基团 INCN 是吸电子（A）基团，在分子内部形成较强的内电荷转移效应，可以使得吸收光谱发生红移及 HOMO、LUMO 能级水平有一定的下降。另外，在主链上增加一些烷基侧链，可以有效降低聚集效应。ITIC 分子在可见-近红外光区具有强而广泛的吸收，合适的能级，选择与其相匹配的宽带隙聚合物给体材料，可实现比较高的转换效率。彭强和马伟等[41]以 ITIC 为受体，设计并合成了两种宽带隙给体材料 PBDT-TDZ 和 PBDTS-TDZ，分别得到了 11.72% 和 12.80% 的高转换效率值，且设计的基于 PBDTS-TDZ：ITIC 的同源串联电池得到的 PCE 为 13.35%。

在 ITIC 的主链、侧链或末端基团位置加以进行化学修饰，得到的 ITIC 类系列非富勒烯受体也具有优异的光伏性能。且这一类非富勒烯受体普遍具有近红外的强吸收及比较低的能级水平，通常与宽带隙的聚合物给体材料相匹配。

ITIC 主链位置以苯环为中心在两侧增减噻吩环，可合成不对称型主链的非富勒烯分子。Sun 等人[44]以不对称梯形噻吩并亚苯基稠合结构单元作为核心，设计并合成了一类不对称非富勒烯受体 TPTT-IC，与 ITIC 主要的不同在于主链部分以苯环为核心，一边有一个噻吩环，另一边有两个噻吩环，从而实现不对称主链。再配合 PBT1-C 聚合物给体制备的光伏器件转换效率达到 10.5%，是不对称非富勒烯受体有机太阳能电池报道的最高值。

在末端基团位置大多数以边缘苯环的卤族元素取代为主。由于卤族元素都是缺电子单元，可以有效增强分子内电荷转移效应，让吸收光谱红移增强，且能级水平进一步降低。已经有很多学者以 F 做边缘取代且得到了不错的结果，Hou 等[45]在此基础上做了 2Cl 和 4Cl 取代得到的 ITIC-2Cl 和 ITIC-4Cl 非富勒烯小分子，发现 C—Cl 键具有更大的偶极矩，增强了分子间电荷转移效应及分子的堆积，因此扩大了吸收光谱并降低了能级水平。ITIC-2Cl 和 ITIC-4Cl 具有相似的化学结构，可以很好地混溶，以 PBDB-T-2F 聚合物为给体，ITIC-2Cl 和 ITIC-4Cl 为受体的三元器件实现了 14.18% 的优异效率值。

B Y6 非富勒烯小分子受体

2019 年中南大学邹应萍研究组第一次报道合成了一种新型非富勒烯受体 Y6，配合聚合物给体材料 PM6 使得光电转换效率达到了 15.7%[28]，使得众多研究者将目光放到了这种非富勒烯受体上，希望可以探索并分析它所具有的特质，看是否能用另外的给体材料与其配合进一步提高 PCE。

Y6 的分子结构简式如图 2-13 所示。Y6 分子采用梯形缺电子核心，苯并噻二

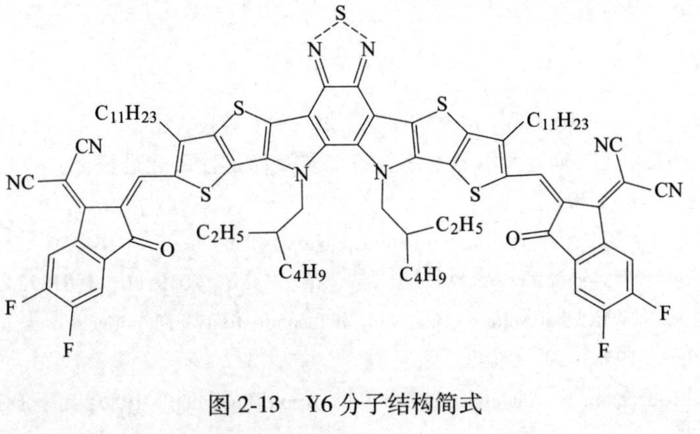

图 2-13 Y6 分子结构简式

唑（BT），N 原子的 sp^2 杂化具有吸电子效应，由于其良好的移动性，可以提供高效的厚活性层。基于 BT 核合成了中心主链部分的 TPBT 单元，具有 DAD 结构，融合的 TPBT 中心单元沿着分子的长度保持共轭结构，这可以调节电子亲和力。丙二腈（2FIC）单元作为侧翼基团，通过形成非共价的 F⋯S 和 F⋯H 键来增强吸收并促进分子间相互作用，因此，有效促进电荷转移。此外，在中心单元的末端引入长烷基侧链以增加所得小分子受体的溶解度。Y6 分子可以溶解于一些常见有机溶剂，且具有良好的热稳定性。

2019 年 Zhou 等人[46]以 Y6 为电子受体材料，设计并合成的聚合物给体材料 PE2 和 J52-FS 与其匹配实现了 13.50% 和 10.58% 的光电转换效率。此外 Huang 等人[12]在 Y6 分子的基础上加以改进，去掉了中心主链部分的一个噻吩，在中心苯环两侧分别留一个噻吩，且减少了烷基侧链部分，获得了非富勒烯分子 BTPT-4F，与 Y6 分子具有相近的能级水平，但吸收光谱有一定的蓝移。选择宽带隙聚合物给体 P2F-EHp，分别以 Y6（BTPTT-4F）和 BTPT-4F 为受体，制备得到的有机光伏器件转换效率相差甚大。基于 P2F-EHp：BTPTT-4F 的器件具有超过 16% 的前所未有的功率转换效率，这再次证明 Y6 分子的问世在有机光伏领域具有非常重大的意义，且十分具有研究价值。综上可以看到 Y6 分子与合适的能级水平和吸收光谱互补的宽带隙聚合物给体材料匹配都可以得到高于 13% 的转换效率[3,12,28,46]。

以上两类典型的非富勒烯受体都是 ADA 结构，在分子内形成强烈的电子推拉效应，增强内电荷转移效应，从而使得吸收光谱红移，在近红外光区有宽而强的吸收，同时能级水平较低，为了保证较高的开路电压，选择 HOMO 较低的宽带隙聚合物给体材料与其匹配，且给体材料主要以可见光短波处吸收为主，与受体材料有很好的互补吸收和能级匹配。同时在主链上增加烷基侧链，增加其溶解度，有效降低聚集效应。

参 考 文 献

［1］陈明昌. 染料敏化薄膜太阳能电池的研究进展［J］. 科技资讯，2014，12：116.

［2］郭文明，钟敏. 钙钛矿型太阳能电池制备工艺及稳定性研究进展［J］. 无机化学学报，2017，33：1097-1118.

［3］Xu X, Feng K, Bi Z, et al. Single-junction polymer solar cells with 16. 35% efficiency enabled by a platinum（Ⅱ）complexation strategy［J］. Adv. Mater, 2019, 0：1901872.

［4］Kearns D, Calvin M. Photovoltaic effect and photoconductivity in laminated organic systems［J］. J. Chem. Phys, 1958, 29：950-951.

［5］Tang C W. 2-layer organic photovoltaic cell［J］. Appl. Phys. Lett, 1986, 48：183-185.

［6］ Meng L, Zhang Y, Wan X, et al. Organic and solution-processed tandem solar cells with 17. 3% efficiency ［J］. Science, 2018, 361: 1094-1098.

［7］ Zhang G, Zhao J, Chow P C Y, et al. Nonfullerene acceptor molecules for bulk heterojunction organic solar cells ［J］. Chem. Rev, 2018, 118: 3447-3507.

［8］ Li S, Zhang Z, Shi M, et al. Molecular electron acceptors for efficient fullerene-free organic solar cells ［J］. Phys. Chem. Chem. Phys, 2017, 19: 3440-3458.

［9］ Hou J, Inganas O, Friend R H, et al. Organic solar cells based on non-fullerene acceptors ［J］. Nat. Mater, 2018, 17: 119-128.

［10］ Scharber M C, Mühlbacher D, Koppe M, et al. Design rules for donors in bulk-heterojunction solar cells—towards 10% energy-conversion efficiency ［J］. Adv. Mater, 2006, 18: 789-794.

［11］ Chen Y, Wan X, Long G. High performance photovoltaic applications using solution-processed small molecules ［J］. Accounts. Chem. Res, 2013, 46: 2645-2655.

［12］ Fan B, Zhang D, Li M, et al. Achieving over 16% efficiency for single-junction organic solar cells ［J］. Sci. China (Chem), 2019, 62: 746-752.

［13］ Yang L, Zhang S, He C, et al. New wide band gap donor for efficient fullerene-free all-small-molecule organic solar cells ［J］. J. Am. Chem. Soc, 2017, 139: 1958-1966.

［14］ Fitzner R, Reinold E, Mishra A, et al. Dicyanovinyl-substituted oligothiophenes: Structure-property relationships and application in vacuum-processed small molecule organic solar cells ［J］. Adv. Funct. Mater, 2011, 21: 897-910.

［15］ Chen Y, Li C, Zhang P, et al. Solution-processable tetrazine and oligothiophene based linear A-D-A small molecules: Synthesis, hierarchical structure and photovoltaic properties ［J］. Org. Electron, 2013, 14: 1424-1434.

［16］ Je H I, Hong J, Kwon H J, et al. End-group tuning of DTBDT-based small molecules for organic photovoltaics ［J］. Dyes. Pigments, 2018, 157: 93-100.

［17］ Schulze K, Uhrich C, Schueppel R, et al. Efficient vacuum-deposited organic solar cells based on a new low-bandgap oligothiophene and fullerene C60 ［J］. Adv. Mater, 2006, 18: 2872-2875.

［18］ Fitzner R, Mena-Osteritz E, Mishra A, et al. Correlation of π-conjugated oligomer structure with film morphology and organic solar cell performance ［J］. J. Am. Chem. Soc, 2012, 134: 11064-11067.

［19］ Fitzner R, Mena-Osteritz E, Walzer K, et al. A-D-A-type oligothiophenes for small molecule organic solar cells: Extending the π-system by introduction of ring-locked double bonds ［J］. Adv. Funct. Mater, 2015, 25: 1845-1856.

［20］ Shang H, Fan H, Liu Y, et al. A solution-processable star-shaped molecule for high-performance organic solar cells ［J］. Adv. Mater, 2011, 23: 1554-1557.

［21］ Li S, Zhan L, Liu F, et al. An unfused-core-based nonfullerene acceptor enables high-efficiency organic solar cells with excellent morphological stability at high temperatures ［J］. Adv. Mater, 2018, 30: 1705208.

［22］ Komiyama H, To T, Furukawa S, et al. Oligothiophene-indandione-linked narrow-band gap molecules: Impact of pi-conjugated chain length on photovoltaic performance [J]. Acs. Appl. Mater. Inter, 2018, 10: 11083-11093.

[23] Bin H, Yang Y, Zhang Z G, et al. 9.73% efficiency nonfullerene all organic small molecule solar cells with absorption-complementary donor and acceptor [J]. J. Am. Chem. Soc, 2017, 139: 5085-5094.

[24] Kan B, Zhang J, Liu F, et al. Fine-tuning the energy levels of a nonfullerene small-molecule acceptor to achieve a high short-circuit current and a power conversion efficiency over 12% in organic solar cells [J]. Adv. Mater, 2018, 30: 1704904.

[25] Lin Y, Zhao F, Prasad S K K, et al. Balanced partnership between donor and acceptor components in nonfullerene organic solar cells with > 12% efficiency [J]. Adv. Mater, 2018, 30: 1706363.

[26] An Y, Liao X, Chen L, et al. Nonhalogen solvent-processed asymmetric wide-bandgap polymers for nonfullerene organic solar cells with over 10% efficiency [J]. Adv. Funct. Mater, 2018, 28: 1706517.

[27] Dai S, Zhao F, Zhang Q, et al. Fused nonacyclic electron acceptors for efficient polymer solar cells [J]. J. Am. Chem. Soc, 2017, 139: 1336-1343.

[28] Yuan J, Zhang Y, Zhou L, et al. Single-junction organic solar cell with over 15% efficiency using fused-ring acceptor with electron-deficient core [J]. Joule, 2019, 3: 1140-1151.

[29] Chen D, Yao J, Chen L, et al. Dye-incorporated polynaphthalenediimide acceptor for additive-free high-performance all polymer solar cells [J]. Angew. Chem. Int. Ed. Engl, 2018, 57: 4580-4584.

[30] Lenaerts R, Cardeynaels T, Sudakov I, et al. All-polymer solar cells based on photostable bis (perylene diimide) acceptor polymers [J]. Sol. Energ. Mat. Sol. C, 2019, 196: 178-184.

[31] Han D, Kumari T, Jung S, et al. A comparative investigation of cyclohexyl-end-capped versus hexyl-end-capped small-molecule donors on small donor/polymer acceptor junction solar cells [J]. Solar. Rrl, 2018, 2: 1800009.

[32] Kroto H W, Heath J R, O'Brien S C, et al. C60: Buckminsterfullerene [J]. Nature, 1985, 318: 162-163.

[33] Bogdanov A A, Deininger D, Dyuzhev G A. Development prospects of the commercial production of fullerenes [J]. Tech. Phys, 2000, 45: 521-527.

[34] Sariciftci N S, Smilowitz L, Heeger A J, et al. Photoinduced electron transfer from a conducting polymer to buckminsterfullerene [J]. Science, 1992, 258: 1474-1476.

[35] Sariciftci N S, Braun D, Zhang C, et al. Semiconducting polymer-buckminsterfullerene heterojunctions: Diodes, photodiodes, and photovoltaic cells [J]. Appl. Phys. Lett, 1993, 62: 585-587.

[36] Deng D, Zhang Y, Zhang J, et al. Fluorination-enabled optimal morphology leads to over 11% efficiency for inverted small-molecule organic solar cells [J]. Nat. Commun, 2016, 7: 13740.

[37] Zhao J, Li Y, Yang G, et al. Efficient organic solar cells processed from hydrocarbon solvents [J]. Nat. Energy, 2016, 1: 15027.

[38] Anthony J E, Facchetti A, Heeney M, et al. N-type organic semiconductors in organic electronics [J]. Adv. Mater, 2010, 22: 3876-3892.

[39] Kozma E, Kotowski D, Luzzati S, et al. Improving the efficiency of P3HT: Perylene diimide solar cells via bay-substitution with fused aromatic rings [J]. Rsc. Advances, 2013, 3: 9185-9188.

[40] Lin Y, Wang J, Zhang Z G, et al. An electron acceptor challenging fullerenes for efficient polymer solar cells [J]. Adv. Mater, 2015, 27: 1170-1174.

[41] Xu X, Yu T, Bi Z, et al. Realizing over 13% efficiency in green-solvent-processed nonfullerene organic solar cells enabled by 1, 3, 4-thiadiazole-based wide-bandgap copolymers [J]. Adv. Mater, 2018, 30: 1703973.

[42] Zhao W, Qian D, Zhang S, et al. Fullerene-free polymer solar cells with over 11% efficiency and excellent thermal stability [J]. Adv. Mater, 2016, 28: 4734-4739.

[43] Zhao W, Li S, Yao H, et al. Molecular optimization enables over 13% efficiency in organic solar cells [J]. J. Am. Chem. Soc, 2017, 139: 7148-7151.

[44] Li C, Xie Y, Fan B, et al. A nonfullerene acceptor utilizing a novel asymmetric multifused-ring core unit for highly efficient organic solar cells [J]. J. Mater. Chem. C, 2018, 6: 4873-4877.

[45] Zhang H, Yao H, Hou J, et al. Over 14% efficiency in organic solar cells enabled by chlorinated nonfullerene small-molecule acceptors [J]. Adv. Mater, 2018, 30: 1800613.

[46] Chen Y, Geng Y, Tang A, et al. Changing the π-bridge from thiophene to thieno [3, 2-b] thiophene for the D-π-A type polymer enables high performance fullerene-free organic solar cells [J]. Chem. Commun, 2019, 55: 6708-6710.

3 分子前线轨道和能隙、开路电压、激发态和电子吸收光谱

3.1 结构优化原理与实例

在对有机光伏材料的计算研究中，首先需要构建分子模型，然后基于密度泛函理论做结构优化、频率计算等，这是后继计算光伏材料性质的基础。

一般来说，通过各种软件建立的分子模型，其结构并不是处于能量最低、结构最稳定的状态。而在自然情况下，分子主要应该以能量最低的形式存在，因此，只有获得能量最稳定的结构，研究其分子性质才有意义。

势能面（图 3-1）[1]是指分子能量与分子内各个原子坐标的对应关系。在构建分子模型的第一步，可以构建很多初始模型，而每个构型对应着不同的能量值，所有这些可能的构型对应的能量值的点集合构成一个势能面，势能面上每个点对应一个能量和相应构型。一般来说，某个区域内能量最低的点叫做局域最小点，对应可能存在的异构体。势能面上在某个方向上有最大值但在其他方向上有极小值的点称为鞍点，对应过渡态。做结构优化的目的就是为了找到体系的局域最小点或者鞍点。能量的一阶导数（梯度或力）为零的点在势能面上称为静态点，优化结构就是要找到这样一个静态点。

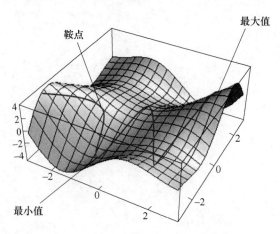

图 3-1 三维势能面（书后有彩图）

一组原子或分子的几何形状可以通过原子的笛卡尔坐标来描述，或者由一组

键长、键角和二面角形成的 Z-Matrix 内部坐标来描述。坐标系的选择对于执行成功优化至关重要。给定一组原子和一个描述原子位置的矢量 r，可以将能量的概念作为位置 $E(r)$ 的函数引入。因此，几何优化是一个数学优化问题，需要找到其中 $E(r)$ 处于局部最小值时的 r 的值，即能量相对于原子位置的导数 $\frac{\partial E}{\partial r}$ 是零。

优化算法可以使用 $E(r)$，$\frac{\partial E}{\partial r}$ 和 $\frac{\partial^2 E}{\partial r_i r_j}$ 中来尝试最小化力，理论上这可以有很多算法，典型的结构优化算法有：梯度下降、共轭梯度、牛顿方法，见图 3-2。下面简单了解这几种优化算法。

（1）梯度下降法（gradient descent）[2]。梯度下降法主要以当前位置的负梯度方向为搜索方向，优化方向为当前位置梯度的最快下降方向。在此基础上将其分为批量梯度下降（batch gradient descent，BGD）和随机梯度下降（stochastic gradient descent，SGD）。随机梯度下降相较于批量

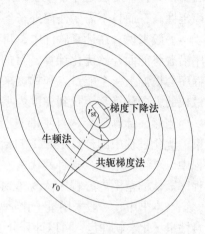

图 3-2 三种优化算法的最优解路径对比示意图

梯度下降有更快的计算效率，但是精确度更低，迭代次数更少。更多细节请参阅参考文献［20］。

（2）牛顿法和拟牛顿法（Newton's method & Quasi-Newton methods）[3~5]。

牛顿法是一种在实数域和复数域上近似求解方程的方法，即使用函数 $f(x)$ 的泰勒级数展开的前几项来寻找方程 $f(x) = 0$ 的根。牛顿法最大的特点就在于它的收敛速度很快。

从本质上去看，牛顿法是二阶收敛，梯度下降是一阶收敛；从几何上说，牛顿法就是用一个二次曲面去拟合当前所处位置的局部曲面，而梯度下降法是用一个平面去拟合当前的局部曲面，通常情况下，二次曲面的拟合会比平面更好，所以牛顿法选择的下降路径会更符合真实的最优下降路径。牛顿法是一种迭代算法，每一步都需要求解目标函数的 Hessian 矩阵的逆矩阵，计算比较复杂。

拟牛顿法是求解非线性优化问题最有效的方法之一，其本质思想是改善牛顿法每次需要求解复杂的 Hessian 矩阵的逆矩阵的缺陷，它使用正定矩阵来近似 Hessian 矩阵的逆矩阵，从而简化了运算的复杂度。如今，优化软件中包含了大量的拟牛顿算法，用来解决无约束、约束和大规模的优化问题。

（3）共轭梯度法（conjugate gradient）[6]。共轭梯度法是介于梯度下降法与牛顿法之间的一个方法，它的每一个搜索方向是互相共轭的，而这些搜索方向仅仅

是负梯度方向与上一次迭代的搜索方向的组合，因此，存储量少，计算方便，它仅需利用一阶导数信息，但克服了梯度下降法收敛慢的缺点，又避免了牛顿法需要存储和计算 Hessian 矩阵并求逆的缺点，共轭梯度法不仅是解大型线性方程组最有用的方法之一，也是解大型非线性最优化最有效的算法之一。在各种优化算法中，共轭梯度法是非常重要的一种。其优点是所需存储量小，具有步收敛性，稳定性高，而且不需要任何外来参数。

一般来说，在计算软件中，将建立的分子构型坐标输入，设定优化参数，程序沿着势能面开始优化计算，目的就是找到一个梯度为零的点。在计算过程中，程序会根据上一个能量点和梯度来决定下一步的计算方向和步幅，沿着能量下降最快的方向计算直至找到梯度为零的点。

当然，计算不会一直不断进行下去，通常有个收敛标准来判断计算是否结束。优化过程中的计算是 SCF 自洽计算，即迭代过程，假定一个解，将其代入方程中，求得一个解，再将其代入方程中，如此循环直至两个解的数值差值在一个程序默认的范围内，程序认为达到了收敛，计算结束。

在本书中，一般采用量子化学基准计算软件 Gaussian 做各种计算，这是一款综合性量子化学软件包，可以计算分子基态能量、分子轨道、吸收光谱、分子间相互作用等，通过理论计算可以帮助人们理解分子的特性和化学反应中的变化情况，Gauss View5.0 是 Gaussian 的配套可视化软件（Gaussian 官网：www.gaussian.com)[7]。

3.1.1　分子建模

以甲苯分子为例，如图 3-3 所示，图 3-3a 为 Gauss View 的操作页面，图 3-3b

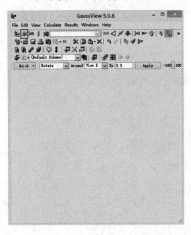
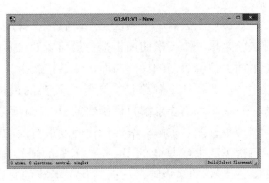

a   b

图 3-3　Gauss View 的操作页面及模型显示页面

为所建立分子构型的显示界面。通过在图 3-3a 中选择不同的操作，在图 3-3b 得以可视化，建立需要的分子模型。

建立甲苯分子首先选择图 3-3a 中黑色框处，出现图 3-4 所示的各类环的选择面板，这里有一些比较常见的环，可以直接获取从而更加方便建模。

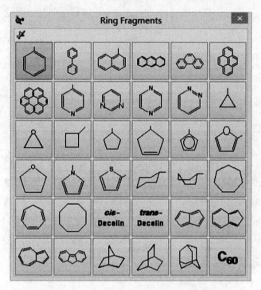

图 3-4 各类环片段的操作面板

图 3-4 中第一个即为苯环，点击苯环，再在图 3-3b 中点击一下，即构建得到一个苯环，如图 3-5 所示。

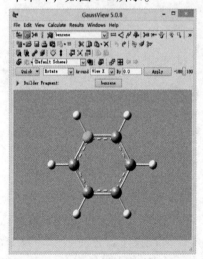

a

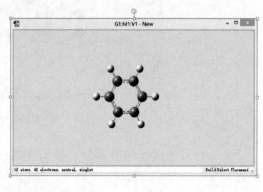

b

图 3-5 苯分子模型的建立

　　此外还需要在苯环上加一个甲基，如图 3-6 所示，点击图 3-6a 中黑色框处，得到图 3-6b 所示的元素周期表的各个原子操作面板。选择图 3-6b 黑色框中的 C 原子，同样底部选择 SP³ 杂化的黑色框，这时主操作页面可以得到甲烷。

　　在图 3-6 中已经选中了甲烷中的 C 原子，可以直接在图 3-5b 中已经构建的苯分子模型基础上，点中其中一个 H 加以替换，得到图 3-7 所示的甲苯分子的模型。

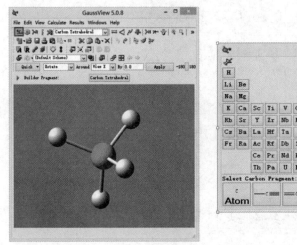 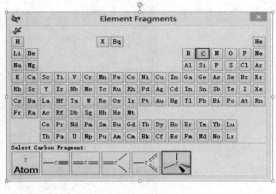

a　　　　　　　　　　　　　　　　　　　b

图 3-6　得到甲烷片段的操作流程及面板

图 3-7　甲苯的分子模型

　　下面，保存建立好的甲苯分子模型，点击鼠标右键，如图 3-8a 所示，按照以下操作 file→save（或直接 Ctrl+S），弹出图 3-8b 的路径，可以事先在桌面建立一个名为 toluene 的文件夹，将甲苯分子保存在该文件夹中，并命名为 toluene，扩展名为 .gjf。注意：该文件的保存路径必须是不含中文的文件夹（黑框处），且保存名也不能含中文（黑框处），若含中文，则无法打开 .gjf 文件。

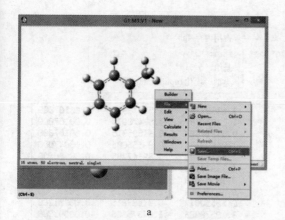

a   b

图 3-8 甲苯分子保存流程

3.1.2 结构优化

以上述构建好的甲苯分子做结构优化流程示意，首先将保存的 toluene 文件导入到 X shell5（Windows 8 系统）中，同时将 Gaussian 脚本文件（扩展名为 .pbs）也导入到该文件夹中。

Shell 是一个用 C 语言编写的程序，既是一种命令语言，又是一种程序设计语言。这个应用程序提供了一个界面，用户通过这个界面访问操作系统内核的服务。Shell 程序的一些常用命令如图 3-9 所示，可自行网上查找更多指令的用法及脚本文件的编辑和撰写。

ls	显示指定目录下的内容
cd	变换工作目录
vi	打开 vi 编辑器
i	进入 insert 模式（可编辑）
qsub	提交计算
qdel	删除计算

图 3-9 Shell 程序的一些常用命令

首先 ls 显示指定目录内容，再 cd toluene 进到导入的 toluene 目录，vi 打开 toluene. gjf，修改和编辑计算参数，如图 3-10 所示。

之后将其保存，vi 打开 gaussian. pbs 脚本文件，修改并编辑为如图 3-11 所示。PBS 脚本文件一般包含 CPU 数量、占用内存、计算集群、工作时间、作业名等相关信息，可一次执行多个指令。

将 gaussian. pbs 文件修改后，重命名为 toluene. pbs 并保存。最后用命令 qsub toluene. pbs 提交计算，等待计算结果。可通过命令 qstat 查看计算进程。

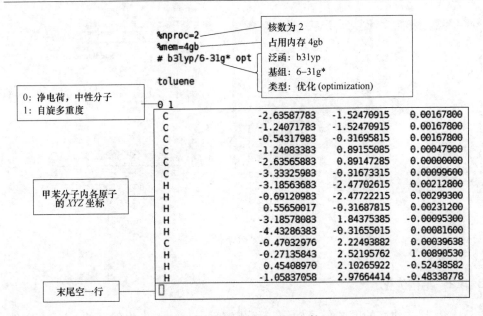

图 3-10 结构优化的 GJF 文件

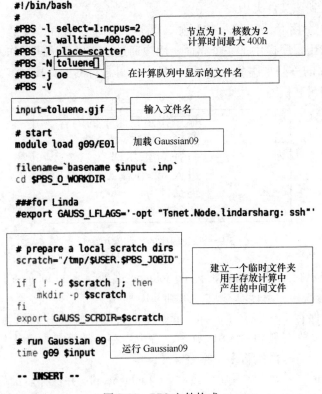

图 3-11 PBS 文件构成

　　输出文件为 toluene. log 文件，使用 less toluene. log 命令查看输出结果，在 log 文件最末尾位置出现 normal 单词即为计算成功，Shift+G 可快速翻到末尾。在 toluene. log 文件中可以获取甲苯分子的基态能量等信息。

　　在默认程序中有四个收敛标准，如图 3-12 所示，取自 toluene. log 文件。

　　图 3-12 中，力的收敛标准是 0.00045，力的均方根收敛标准是 0.0003，位移的收敛标准是 0.0018，位移的均方根收敛标准是 0.0012。YES 表示已收敛，NO 表示不收敛。

```
            Item          Value      Threshold   Converged?
Maximum Force           0.000159     0.000450    YES
RMS     Force           0.000040     0.000300    YES
Maximum Displacement    0.001498     0.001800    YES
RMS     Displacement    0.000320     0.001200    YES
Predicted change in Energy=-2.399082D-07
Optimization completed.
```

图 3-12　toluene. log 文件收敛情况

　　在优化中常需要注意的事项有：建立的初始模型合理；对于分子量较大的构型可以先用小基组 3-21G 或 STO-3G 优化，再使用大基组优化；优化四个标准均未达到收敛或计算中止等问题，可以在输入文件中加 opt = tight 关键词或检查报错原因。

3.1.3　频率计算

　　对于已经优化的分子构型，可能存在虚频的情况，优化的构型仍处于不稳定的状态。通常为了确保分子构型是能量最低、最稳定的构型，还需要对优化的构型做频率计算。

　　虚频的概念简单说就是频率为虚数。在学习简谐振动中，人们知道，有回复力的公式 3-1：

$$f = - kx \tag{3-1}$$

式中，k 为劲度系数，对应的能量公式为式 3-2：

$$E = \frac{kx^2}{2} \tag{3-2}$$

　　能量曲线为开口向上的二次函数，求得振动频率为式 3-3：

$$\nu = 2\pi\sqrt{\frac{k}{m}} \tag{3-3}$$

　　此时频率为正。如果讨论一维情况下能量曲线开口向下，那么这是出于能量高的不稳定点，上述中的 k 为负数，代入振动频率公式，则为虚数，也就是存在虚频，在 Gaussian 中计算频率值显示为负数。

下面继续上述中优化的甲苯分子，对其进行频率计算。可以使用 molden toluene. log 指令在 molden 中打开 log 文件，如图 3-13 所示。

以如下流程操作提取甲苯分子优化后的坐标：首先点击控制面板中 movie，让甲苯分子自行调节到优化后的构型，直至控制面板尾部出现"Last point"字样；然后点击 ZMAT Editor，出现如图 3-14 所示的页面，在该页面中提取甲苯分子优化后的坐标；点击 Write Z-Matrix，在 File name? 右边的框中输入 toluene. xyz，为保存的坐标文件名，再点击右下角的 Cartesian→XYZ，最后再点击 Write Z-Matrix 保存文件，路径默认为最初建立的 toluene 目录中；优化后的坐标文件已经提取成功，可以点击图 3-14 中右上角的 close 关闭页面，回到 molden 控制面板后点击图 3-13 中中间的黑色骷髅头关闭 molden，回到 shell 程序中。

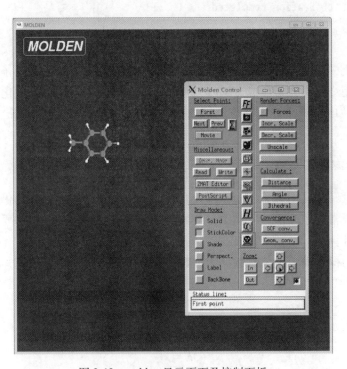

图 3-13　molden 显示页面及控制面板

提取的坐标已经保存在 shell 中的 toluene 目录中，首先将其重命名为 toluene-f. gjf（f 表示频率），vi 打开 toluene-f. gjf，编辑及修改如图 3-15 所示。

保存 toluene-f. gjf 后打开 gaussian. pbs 脚本文件，修改与图 3-11 相同，只需将输入文件改为 input＝toluene-f. gjf，并命名为 toluene-f. pbs，最后用 qsub toluene-f. pbs 命令提交计算，等待计算结果。得到的输出文件为 toluene-f. log。

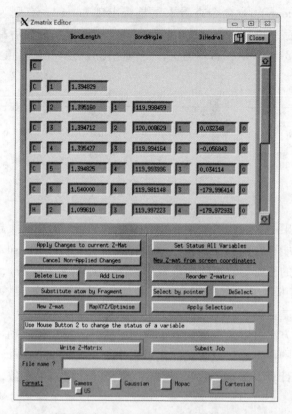

图 3-14 ZMAT Editor 中的控制面板

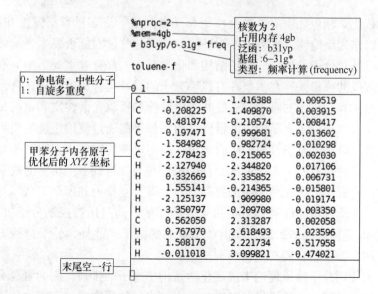

图 3-15 计算频率的 GJF 文件

使用 less toluene-f. log 命令查看末尾是否出现 normal，有则为计算成功。此外还需查看是否存在虚频，方法为 toluene-f. log 文件中从前往后翻，出现的第一组频率值，如图 3-16 所示，若均为正，则该优化的构型没有虚频。

	1 A	2 A	3 A
Frequencies --	-29.5596	233.7291	372.5129
Red. masses --	1.0372	2.9938	2.5477
Frc consts --	0.0005	0.0964	0.2083
IR Inten --	0.2072	3.2907	0.4911
Raman Activ --	0.8415	4.4920	0.0521
Depolar (P) --	0.7500	0.7500	0.7474
Depolar (U) --	0.8571	0.8571	0.8555

图 3-16　toluene-f. log 片段

在优化的结果中，虽然四个收敛标准都显示 YES，即已经收敛，但是在计算频率之后仍然可能存在虚频的情况，原因在于优化计算的 Hessian 矩阵，也就是能量对几何坐标的二阶导数矩阵，是赝牛顿法（也叫准牛顿法），每一步并非精确计算 Hessian 矩阵，而计算频率是精确的 Hessian 矩阵，这导致两者的位移和均方根位移存在偏差。

消除虚频的方法可以通过微调分子构型，将其分子坐标移动一下，让计算沿着势能面找到新的稳定点，或者在优化过程中加关键词 opt = calcall，让优化计算的每一步都精确计算 Hessian 矩阵，这样算出来的优化结果收敛，则频率也必然收敛。

3.2　薄膜与凝聚态中分子轨道能量、能隙计算实例

大多数化学和生化反应、光合作用和光谱测量等许多过程都发生在溶剂中，溶剂既可以作为反应物，也可以作为环境介质对这些过程能否发生、速度快慢和反应产率以及对分子的构型、电子结构和化学反应，都有着重要影响。有机太阳能电池一般以薄膜形式存在。但在有机小分子的设计与合成过程中，常常在溶液和薄膜中测试其对光子的吸收，表征其光电性质如吸收光谱性质和电荷传输性质等。在制作有机小分子太阳能电池器件之前，如果能通过模拟正确的得到器件活性层的有机小分子的基态性质、吸收光谱性质与电荷传输性质，得到最优的给体受体组合，将使得有机太阳能电池器件的设计与开发得到事半功倍的效果。

同时，有机小分子在薄膜中的排列方式，即分子排列和团聚方式，对有机太阳能电池的光学和电学性质起着至关重要的影响。通过适当控制分子排列方式，可以在供体/受体界面的扩散长度内产生更多的激子；此外，分子排列方式还影响激子传输、激子结合能和电荷传输速率。

化学家使用分子轨道理论来描述化学结构中电子的排列，它为解释分子的基态电子云分布及其他性质提供了基础。在有机光伏的研究中，有机给体或受体电

离势（IP）和电子亲和势（EA）在决定开路电压、电子转移和传输过程中起着至关重要的作用，而这些值取决于它们被测量的分子环境。遗憾的是，实验和计算之间仍存在差异，其中一个特别值得注意的是气相计算的轨道能量与凝聚态实验测量的 IP 和 EA 之间存在的偶然一致性[8~16]。实际上，将这些在气相中的计算值与凝聚相 IP 和 EA 测量结果进行比较是错误的，分子前线轨道能量的计算需要认真考虑环境因素影响。

密度泛函理论（DFT）提供了一种计算消耗低、准确、有效的第一性原理计算方法，其被用于计算大分子系统的光电特性。本节将结合 IP/EA 校正讨论给体、受体分子排列、给体受体界面对前线分子轨道的影响，主要通过 Gaussian09 模拟计算和 Gauss View 获得分子轨道图像。

3.2.1 HOMO/LUMO 校正

在本节中，对 DFT 计算的轨道能量与 IP 和 EA 之间关系进行简要讨论。

对于 N 电子系统，IP 等于从系统中移除一个电子时能量变化值，EA 等于系统中得到一个电子时能量变化值，如下所示：

$$IP(N) = E(N-1) - E(N) \tag{3-4}$$

$$EA(N) = E(N) - E(N+1) \tag{3-5}$$

式中，$E(N)$ 为含有 N 电子的体系的基态能量，相应的 $IP(N+1) = EA(N)$。

由于长程校正泛函能够尽可能解决传统密度泛函产生的自相互作用误差和（能量对电子数目）导数不连续性[17~19]，用长程校正泛函计算的气相中的 HOMO/LUMO 能量在理论上接近 IP/EA，由于凝聚态中，长程校正泛函得到的 HOMO/LUMO 不等于 IP/EA，因此在凝聚态中计算 HOMO/LUMO 能量需通过以下公式计算[20~22]：

$$\varepsilon_{HOMO}^{PCM} = \varepsilon_{HOMO}^{Gas} + (IP^{Gas} - IP^{PCM}) \tag{3-6}$$

$$\varepsilon_{LUMO}^{PCM} = \varepsilon_{LUMO}^{Gas} + (EA^{Gas} - EA^{PCM}) \tag{3-7}$$

$$IP^{PCM} = E_{N-1}^{PCM} - E_N^{PCM} \tag{3-8}$$

$$EA^{PCM} = E_N^{PCM} - E_{N+1}^{PCM} \tag{3-9}$$

$$IP^{Gas} = E_{N-1}^{Gas} - E_N^{Gas} \tag{3-10}$$

$$EA^{Gas} = E_N^{Gas} - E_{N+1}^{Gas} \tag{3-11}$$

式中，ε_{HOMO}^{PCM} 和 ε_{LUMO}^{PCM} 分别为凝聚态中的 HOMO 和 LUMO 能量；ε_{HOMO}^{Gas} 和 ε_{LUMO}^{Gas} 分别为气相中的 HOMO/LUMO 能量。所有的坐标都是在极化连续介质模型（PCM）[23]中优化后的坐标。

3.2.2 计算泛函选择

由于长程校正泛函能够尽可能解决传统密度泛函产生的自相互作用误差和导

数不连续性问题，因此，此处选用的泛函为长程校正泛函 CAM-B3YLP、参数可优化的长程校正杂化泛函 LC-ωPBE 和 ωB97X，具体输入文件格式如图 3-17 所示（以 ωB97X 为例）。计算真空中能量时，只用将黑框中的溶剂关键词去掉，计算正负离子的能量时，要使用在 PCM 条件下正负离子的优化结构，并且更改相应的带电量和自旋多重度（第二个黑框）。具体计算前线分子轨道能量与分子轨道绘制方法见附录 1。

```
%nproc=8
%mem=16gb
# wb97x/6-311+g* scrf=(solvent=dibutylether)

a

0 1
C   -9.897769   -3.411644    0.087952
C   -8.481788   -2.897633    0.228995
C   -7.594760   -4.087414   -0.150811
O   -6.380443   -4.102813   -0.168336
C   -10.993069  -2.634924    0.347950
C   -10.829679  -1.276628    0.772087
N   -10.688454  -0.174102    1.116432
C   -12.343056  -3.091442    0.224564
N   -13.444891  -3.453332    0.127144
C   -9.169626   -7.380133   -1.164091
C   -10.516935  -6.994541   -1.029020
C   -10.879371  -5.720999   -0.625877
C   -9.848032   -4.807345   -0.350575
C   -8.503401   -5.207032   -0.490731
C   -8.144070   -6.490361   -0.896479
H   -11.931082  -5.479662   -0.538813
H   -7.105654   -6.786279   -1.000198
F   -11.455484  -7.905042   -1.304651
F   -8.911544   -8.629774   -1.558164
H   -8.260306   -2.562651    1.249656
H   -8.282714   -2.044350   -0.430979
```

图 3-17 输入文件示意图

3.3 薄膜中有机太阳能电池的分子排列影响

3.3.1 给体间分子排列方式对分子轨道能量的影响

本节中，以亚酞菁（SubPC）为例，计算其薄膜中前线分子轨道[22]。实验中 X 射线衍射（XRD）所观测到的亚酞菁薄膜中，有多达 56 种亚酞菁分子排列方式，12 种双分子排列构型。其中，为描述其分子排列，氯原子称为头部，芳香环称为尾部，可以形成"头对头""尾对尾"以及"头对尾"构型，在这三类中，发现只有五种构型是可以稳定存在且可区分的，如图 3-18 所示。

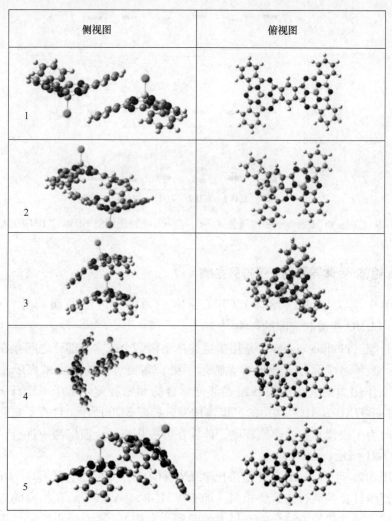

| 侧视图 | 俯视图 |

图 3-18　亚酞菁双体的侧视图和俯视图
（颜色：白色—氢，粉色—硼，灰色—碳，蓝色—氮，绿色—氯。书后有彩图）

由图 3-19 可以看到，相对于单体亚酞菁，二聚体化确实改变了 HOMO/LUMO 能量和能隙。PCM 和气态状态下的 HOMO/LUMO 与能隙趋势十分接近，相对于单体亚酞菁，HOMO 能量增加，LUMO 能量降低，能隙降低。通过 HOMO/LUMO 校正后，可以发现 HOMO 能量升高，LUMO 能量降低，能隙减小。同时，可见分子排列方式对亚酞菁的 HOMO、LUMO 能级和能隙也有一定的影响。

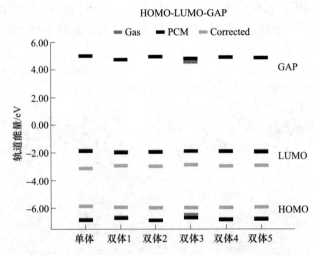

图 3-19 气态/PCM 条件下和使用公式 3-6、公式 3-7 校正后的 HOMO/LUMO/GAP 值

3.3.2 给体/受体界面间分子排列影响

本节中，以 SubPC（给体）/C70（受体）为例，讨论界面间分子排列对 HOMO、LUMO 能级和能隙的影响[21]。

结合能（binding energy）是用来描述体系内两个或多个部分之间存在的相互作用力。当各组成部分分开到"无穷远"处，需要一定的能量来克服相关吸引力。相互作用力的大小说明各组成部分结合的紧密程度。基于 B3LYP+GD3/6-31G* 和 ωB97XD/6-31G* 优化的二聚体构型，如图 3-20 所示，计算了它们的结合能，同时为了模拟真实的薄膜环境，计算在可极化连续介质模型中进行，计算结果如图 3-21 所示。

从图 3-21 可知，ωB97XD 结果比 B3LYP+GD3 计算的结合能高 4~16kJ/mol，但两个泛函计算的结合能趋势相同，即 U-V>U-P>B-V>V-P。在相同的方法计算下，不同二聚体构型的结合能有很大的差别，伞构型（"umbrella"）结构的结合能超过床构型（"bed"）结构结合能的 2 倍，说明相比之下"umbrella"结构更加稳定。这可能是由于在不同的分子构型下，SubPc 的偶极矩（6.10Debye）与 C70 的诱导偶极矩之间的不同相互作用能。在两种"umbrella"结构中，C70 位于 SubPC 凹形下方，且 SubPC 的偶极矩延长线几乎穿透 C70 椭圆体的中心。而在两种"bed"结构中，C70 位于 SubPC 分子的一个吲哚环之外并且远离 SubPC 的偶极矩。因此，"umbrella"结构中 C70 的诱导偶极矩远大于"bed"结构。此外，"umbrella"结构也具有较大的重叠面积和较强的 π-π 堆积（四极/四极相互作用）效应。因此，SubPC/C70 的"umbrella"结构的结合能要大得多。

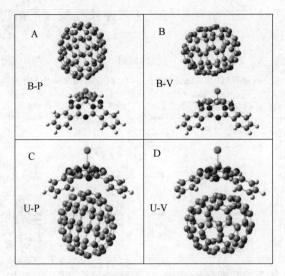

图 3-20 四种可能的 SubPC/C70 双体构型

（B 为床构型；U 为伞构型；P 为 B—Cl 键轴平行于 C70 长轴；V 为 B—Cl 键轴垂直于 C70 长轴）

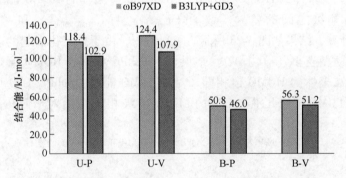

图 3-21 在 PCM 环境下基于 ωB97XD/6-31G* 和 B3LYP+GD3/6-31G* 方法，计算
得到 SubPC/C70 B-V、B-P、U-V 和 U-P 四种二聚体构型的结合能

此外，基于 B3LYP+GD3、LC-ωPBE、ωB97XD、CAM-B3LYP 泛函，计算了 SubPC、C70 和四种 SubPC/C70 二聚体构型的 HOMO、LUMO 能级及能隙值，如图 3-22 所示。基于所有泛函的计算结果，SubPC/C70 二聚体构型的能隙值比 SubPC 和 C70 单体的能隙值低 0.5eV。除此之外，"bed" 构型能隙值比 "umbrella" 构型能隙值要略低。同时，基于 B3LYP+GD3 泛函计算的 HOMO/LUMO 能级（无矫正）明显高于/低于 ωB97XD 和 CAM-B3LYP 两种长程矫正泛函的计算值，进而能隙值比其他两种泛函计算值明显要低很多。将三种长程矫正泛函相比较，LC-ωPBE 计算得到最高的 HOMO 值、最低的 LUMO 能级及最低能隙值。基于 ωB97XD 泛函的计算结果与 CAM-B3LYP 比较接近。由于这些长程矫

正泛函的 Hartree-Fock 交换贡献不同，这三种长程校正泛函得到的 HOMO 和 LUMO 能级差异较大。

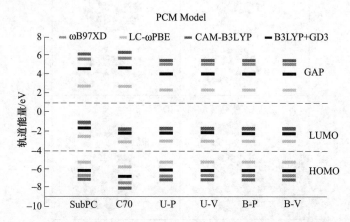

图 3-22　在 PCM 下基于 B3LYP+GD3、LC-ωPBE、ωB97XD、CAM-B3LYP /6-31G*
方法，SubPC、C70 和 SubPC/C70 四种二聚体构型的 HOMO 能级、LUMO 能级及能隙值

为了探究二聚体的 HOMO/LUMO 能级与 SubPC 给体的 HOMO 能级和 C70 受体的 LUMO 能级之间的差异，做了（$E_{\text{HOMO,dimer}} - E_{\text{HOMO,SubPC}}$）和（$E_{\text{LUMO,dimer}} - E_{\text{LUMO,C70}}$）计算，结果如图 3-23 所示。可以看出，由于二聚化引起的前线分子轨道的能量扰动相当小（<0.1eV）。结果显示 SubPC 单体的 HOMO 值几乎与四种 SubPC/C70 二聚体的 HOMO 值相同。对于 LUMO 能级，SubPC/C70 U-P 构型和 U-V 构型的 LUMO 能级几乎与 C70 的 LUMO 能级相同，而对于 B-P 构型和 U-P

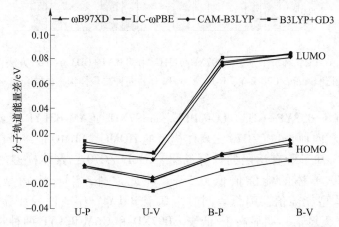

图 3-23　使用单体 SubPC 的 HOMO 能级和单体 C70 的 LUMO 作为参考，
计算的四个二聚体构型的前沿分子轨道能量差异（书后有彩图）

构型，LUMO 能量显著增加约 0.08eV，这意味着"bed"构型的基态能隙变宽。总体来说，SubPC/C70 二聚体的"umbrella"构型比"bed"构型有更小的 HOMO-LUMO 能隙。

3.4 薄膜中开路电压的计算与实例

3.4.1 开路电压

有机太阳能电池的主要性能指标包括光电转化效率（power conversion efficiency，简写为 PCE）、短路电流密度（short-circuit current density，简写为 J_{sc}）、开路电压（open-circuit voltage，简写为 V_{oc}）、填充因子（fill factor，简写为 FF）、外量子效率（external quantum efficiency，简写为 EQE）。其中开路电压（V_{oc}）与光电转换效率（PCE）成正比，它的大小会直接影响电池效率的高低。

一般来说，开路电压越大，其有机太阳能电池的光电转换效率（PCE）越大。开路电压的大小与给受体材料种类、比例以及太阳能电池器件的具体结构以及环境因素（如温度、光照强度）有关。对于不同的器件结构，其开路电压的影响因素有所不同。例如，对于单层光伏器件来说，开路电压由正负电极的功函数的差值决定；而针对本体异质结类结构的光伏器件来说，开路电压主要取决于给体材料的 HOMO（the highest occupied molecular orbital）能级和受体材料的 LUMO（the lowest unoccupied molecular orbital）能级的能级差。目前，限制太阳能电池光电转换效率的最重要因素之一就是从光伏材料的能隙（E_{gap}）到电池的开路电压（V_{oc}）的相对较大的电压损失（voltage loss）。例如，当有机太阳能电池的 V_{oc} 为 0.77V，能隙为 1.65eV 时，表明该电池的电压损失为 0.88V。相比之下，C-Si 或钙钛矿电池的电压损失范围为 0.40~0.55V[24]。影响开路电压损失的主要两个因素分别是：相对较大的非辐射复合损失以及给体/受体材料的带隙与电荷转移（charge transfer）状态的能量之间存在显著的偏移。因此，如何计算以及如何减少开路电压损失也成为了目前研究的重点之一。

除了能够通过实验进行开路电压的测量，也可以利用理论模拟计算光伏材料的开路电压并以此为实验提供指导和帮助。通过大量理论计算实例和算法的比对，将以下几种常见的计算方法为例，进一步介绍如何采用较为准确的计算方法计算开路电压以及开路电压损失。

3.4.2 开路电压计算方法

本节将介绍关于开路电压计算的几种较为常用的计算方法，其中不同方法的准确性和所需计算参数有所不同。

方法一是由 Scharber 等总结了大量异质结型太阳能电池的实验数据结果后提出的经验方程[25]：

$$V_{oc} = \frac{1}{e}(|\ \varepsilon_{HOMO}^{D} - \varepsilon_{LUMO}^{A}\ | - 0.3V) \tag{3-12}$$

式中，e 为电子电荷；ε_{HOMO}^{D} 为给体材料（Donor）的 HOMO 能级；ε_{LUMO}^{A} 为受体材料（Acceptor）的 LUMO 能级；0.3 为能量损失参数（电荷分离和电荷传输过程中的能量损失）。但该算法具有一定的局限性，一般用于共轭聚合物-PCBM 类型的太阳能电池的开路电压计算，且这个公式忽略了构型变化而引起的体异质结有机太阳能电池中给受体距离变化，因此用这个公式只能简单估算体系的开路电压。

方法二是较为常用的计算有机本体异质结太阳能电池开路电压的经验公式[26,27]：

$$eV_{oc,film} = |\ \varepsilon_{HOMO,vacumm}^{D} - \varepsilon_{LUMO,vacumm}^{A}\ | - \frac{1}{\varepsilon R} - |\ IP_{D,film} -$$

$$IP_{D,vacuum}\ | - |\ EA_{A,film} - EA_{A,vacuum}\ | \tag{3-13}$$

$$IP = E^{N} - E^{N-1} \tag{3-14}$$

$$EA = E^{N+1} - E^{N} \tag{3-15}$$

$$R = |\ <\varphi_{HOMO,D}\ |\ r\ |\ \varphi_{HOMO,D}> - <\varphi_{LUMO,A}\ |\ r\ |\ \varphi_{LUMO,A}>| \tag{3-16}$$

式 3-13 中，ε_{HOMO}^{D} 为给体材料（Donor）的 HOMO 能级；ε_{LUMO}^{A} 为受体材料（Acceptor）的 LUMO 能级；IP（ionization potential）为电子电离势；EA（electron affinity）为电子亲和势；ε 为介电常数；R 为电子从给体到受体传输的路径距离。公式 3-14 和公式 3-15 中，E^{N}、E^{N-1}、E^{N+1} 分别代表中性、阳离子、阴离子的能量。公式 3-14 和公式 3-15 分别是 IP 和 EA 的校正公式，公式 3-16 是计算传输距离的公式，式中，$\varphi_{HOMO,D}$ 和 $\varphi_{LUMO,A}$ 分别为参加电荷转移（charge transfer）中给体的 HOMO 能级和受体的 LUMO 能级；r 代表激发的电子坐标矢量。简单地使用两个距离的平均值（给体和受体的几何中心距离，以及给体和受体原子最短距离）作为传输距离（注：以上公式需要考虑在 PCM 环境下的溶剂效应）。

方法三是由 Schlenker 通过重点研究有机太阳能电池中光电压损耗的分子性质，从而确定了开路电压与电子耦合之间的反比关系[28]：

$$V_{oc} \approx \frac{nk_{B}T}{q}\ln\left(\frac{J_{SC}}{qk_{REC}[D^{+}A^{-}]}\right) \tag{3-17}$$

式中，$n \approx 2$ 适用于很多有机光伏材料；$[D^{+}A^{-}]$ 为 D/A 界面处的 CT（charge transfer）状态浓度；J_{SC} 为电流密度；q 为电荷电量；k_{REC} 为复合过程中的总速率常数（辐射（k_{REC}^{R}）加非辐射（k_{REC}^{NR}））。根据马库斯理论[29]，阿乌尼斯行为对非辐射贡献电荷重组可以由以下公式描述[30,31]：

$$k_{REC}^{NR} = \frac{4\pi^{2}}{h}V_{if}^{2}\frac{1}{\sqrt{4\pi\lambda kT}}\exp\frac{-(\Delta G^{0} + \lambda)}{4\lambda kT} \tag{3-18}$$

式中，h 为普朗克常量；V_{if} 为始态和终态电荷转移状态之间的电子耦合矩阵元素；λ 为几何重组能；ΔG^0 为重组反应的总自由能变化。方程式 3-18 表明，对总速率常数的非辐射贡献取决于 CT 状态与基态的电子耦合的平方。方法三为实验证据提供数学支持，并暗示新材料应使 V_{if} 最小化以使 V_{oc} 最大化。但由于计算参数较多以及计算的复杂性，并没有得到广泛推广和使用。

方法四是由 Vandewal 提出的适用于在电荷转移（charge transfer）状态与自由载流子（$k_{diss} \ll K$）不平衡的情况下，自由载流子产生绕过最低能量的 CT 状态时计算有机太阳能电池的开路电压的公式[32,33]：

$$qV_{oc} = E_{CT} - k_B T \ln \frac{(k_r + k_{nr}) N_{CTC}}{G} \tag{3-19}$$

式中，q 为电子电荷；E_{CT} 为给体材料的 HOMO 和受体材料的 LUMO 之间的差值；k_B 为玻耳兹曼常数；k_r 和 k_{nr} 分别为电荷转移状态（CT）的辐射和非辐射衰变常数；N_{CTC} 为电荷转移复合物的总体积密度；G 为电子-空穴对的生成速率，与吸收的光子的流量成比例。在典型的照明强度下，式 3-19 中自然对数内的项小于 1，导致 V_{oc} 始终小于 E_{CT}。与式 3-19 一致，依赖于温度和光强度的测量已经表明 E_{CT} 和 V_{oc} 的外推值在 $T=0K$ 极限中变得相等。通过大量的给-受体混合物太阳能电池在 AM 1.5G（100mW/cm^2）和室温下发现等式右侧的第二项近似一个常数（≈ 0.6eV）。

在有机太阳能电池中，开路电压损失也是影响光电转换效率的重要因素。因此，如何计算开路电压损耗以及减少电压损耗成为提高光电转换效率的重点之一。

关于电压损耗的计算，可以用以下公式进行描述[24,34]：

$$
\begin{aligned}
q\Delta V &= E_{gap} - qV_{oc} \\
&= (E_{gap} - qV_{oc}^{SQ}) + (qV_{oc}^{SQ} - qV_{oc}^{rad}) + (qV_{oc}^{rad} - qV_{oc}) \\
&= (E_{gap} - qV_{oc}^{SQ}) + qV_{oc}^{rad,\ below\ gap} + qV_{oc}^{non-rad} \\
&= \Delta E_1 + \Delta E_2 + \Delta E_3
\end{aligned} \tag{3-20}
$$

式中，q 为电子电荷；ΔV 为电荷损耗；$V_{oc}^{rad,\ below\ gap}$ 为来自能隙以下吸收的辐射复合的电压损失；$V_{oc}^{non-rad}$ 为非辐射复合的电压损耗；V_{oc}^{rad} 为只有辐射复合时的开路电压；V_{oc}^{SQ} 为 Shockley-Queisser 极限的最大电压，其中外量子效率（external quantum efficiency，简写为 EQE）被认为是分步的（换言之，在电池的光学能隙以下不存在 EQE 或吸收）。电压损耗的第一项（$E_{gap} - qV_{oc}^{SQ}$）主要是由于源于能隙以上吸收的辐射复合。这个电压损耗是任何种类的太阳能电池都无法避免的，一般介于 0.25~0.30eV。公式的第二项 $qV_{oc}^{rad,\ below\ gap}$ 是由于在能隙以下的吸收产生了额外的辐射复合。对于无机和钙钛矿太阳能电池而言，这一项可以忽略不计。但是在有机太阳能电池中，这一项一般有较大的数值，不能忽略。公式中的第三项

（ $qV_{oc}^{non-rad} = -k_B T \ln(EQE_{EL})$ ）源于非辐射复合，式中，k_B 为玻耳兹曼常数；T 为温度；EQE_{EL} 为在黑暗中向器件注入电荷载流子时太阳电池的辐射量子效率。为了简化这一项，一般用 $qV_{OC}^{non-rad}$ 代表 EQE_{EL} 的最大值。

3.4.3 开路电压计算实例

由于计算开路电压的方法较多，需要参数和条件也有所不同。下面将通过两个关于亚酞菁的具体实例针对较为常用的方法一、方法二进行具体说明。

亚酞菁（SubPC）被认为是酞菁（PC）的最小同系物，是一种由三个异吲哚连接而成的锥形结构化合物，有良好的光学特性，因此常被用于有机太阳能材料[35]。由于亚酞菁结构可调、热稳定和化学稳定性强，且锥形结构可以有效地避免分子之间的过渡聚集[36]，近年来亚酞菁及其衍生物已引起了研究者越来越多的关注[37,38]。

在研究扩环对亚酞菁的影响时，首先选用了方法一计算亚酞菁及衍生物（图3-24）的开路电压[39]。由于方法一没有考虑到由于构型变化而引起的体异质结有机太阳能电池中给受体距离变化，因此用这个公式只能简单估算体系的开路电压。通过使用 B3LYP、CAM-B3LYP、ωB97X 这 3 种泛函计算了真空体系中的开路电压（ V_{oc} ），其中需要计算四个给体小分子的 HOMO 值以及受体小分子的 LUMO 值并代入公式 3-12。通过计算发现，三种泛函得到的结果具有相同的趋势，随着扩环数量的增加，化合物的 V_{oc} 逐渐减小（表 3-1，图 3-25）。这是由于扩环使给体的 HOMO 能级升高，而受体 C60 的 LUMO 能级保持不变，才导致了 V_{oc} 的降低。

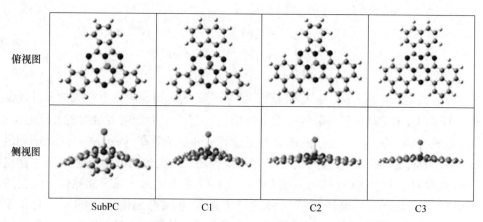

俯视图

侧视图

SubPC   C1   C2   C3

图 3-24　SubPC、C1、C2 和 C3 在气相中利用 B3LYP 泛函
在 6-31 +G（D）理论水平优化获得的分子结构

（颜色：白色—氢，粉色—硼，灰色—碳，蓝色—氮，绿色—氯，书后有彩图）

表 3-1　使用 B3LYP、CAM-B3LYP 和 ωB97X 泛函计算得到的关于 SubPC/C60 和 SubAPPCs/C60 的开路电压

B3LYP	$\varepsilon_{HOMO}^{Donor}/eV$	$\varepsilon_{LUMO}^{Acceptor}/eV$	V_{oc}/V
SubPC	-5.62	-3.75	1.57
C1	-5.19	-3.75	1.14
C2	-4.84	-3.75	0.79
C3	-4.51	-3.75	0.47
CAM-B3LYP	$\varepsilon_{HOMO}^{Donor}/eV$	$\varepsilon_{LUMO}^{Acceptor}/eV$	V_{oc}/V
SubPC	-6.50	-2.83	3.37
C1	-6.03	-2.83	2.89
C2	-5.62	-2.83	2.49
C3	-5.18	-2.83	2.05
ωB97X	$\varepsilon_{HOMO}^{Donor}/eV$	$\varepsilon_{LUMO}^{Acceptor}/eV$	V_{oc}/V
SubPC	-6.32	-2.11	3.91
C1	-5.78	-2.11	3.37
C2	-5.41	-2.11	3.00
C3	-5.04	-2.11	2.63

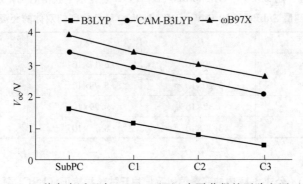

图 3-25　三种密度泛函在 6-311+G（D）水平获得的开路电压（V_{oc}）

接下来，还是以 SubPC/C70 的四种构型为对象（图 3-20），使用了方法二计算开路电压[21]。因为使用常规的密度泛函计算得到的 HOMO/LUMO 没有物理意义，因此研究者采用了长程校正（long range corrected，简写为 LRC）密度泛函进行 HOMO/LUMO 的校正以及开路电压的计算（图 3-26、表 3-2 和表 3-3）。首先，研究者分别使用 LC-ωPBE、ωB97XD 和 CAM-B3LYP 泛函、6-31+GD3 基组在薄膜条件下（介电常数 $\varepsilon = 3.0$）进行 HOMO/LUMO 校正（公式 3-14、公式 3-15），并计算给体和受体的几何中心距离（D_A）、给体和受体原子最短距离（D_{CC}），从而取两者平均值（D_{Ave}）作为给体到受体传输的路径距离（表 3-2）。

通过计算发现，三个 LRC 泛函产生类似的 V_{oc} 趋势，即 B-P>B-V>U-P>U-V。然而，从 B/U-P 到 B/U-V 构型，V_{ocs} 下降，且 V_{oc} 的变化小于 0.05V。V_{oc} 的计算值从 LC-ωPBE、ωB97XD、CAM-B3LYP 依次递减，其中的差异主要归因于用不同的 LRC 泛函得到的 HOMO/LUMO 有所不同。基于三个泛函的计算结果（表3-3），读者可以发现不同的构型对开路电压有显著的影响。

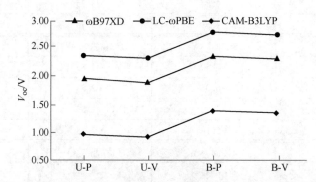

图 3-26　使用长程校正 LC-ωPBE、ωB97XD 和 CAM-B3LYP 密度泛函计算得到关于 SubPC/C70 四种构型的开路电压

表 3-2　基于用 B3LYP+GD3/6-31G(D)/PCM 理论水平获得的优化几何形状，测量 SubPC/C70 B-V，B-P，U-V 和 U-P 构型的双体的距离　　　　（m）

构　型	D_A	D_{GC}	D_{Ave}
U-P	3.20×10^{-10}	6.17×10^{-10}	4.68×10^{-10}
U-V	3.20×10^{-10}	5.78×10^{-10}	4.49×10^{-10}
B-P	3.32×10^{-10}	9.29×10^{-10}	6.31×10^{-10}
B-V	3.32×10^{-10}	8.75×10^{-10}	6.04×10^{-10}

表 3-3　公式 3-13 中的变量值以及使用三种长程校正（LRC）密度泛函得到的关于 SubPC/C70 四种构型的开路电压

构　型		U-P	U-V	B-P	B-V
	HOMO/eV	-6.81	-6.82	-6.81	-6.80
	LUMO/eV	-1.92	-1.93	-1.77	-1.77
	IP 校正/eV	1.05	1.05	1.05	1.05
ωB97XD	EA 校正/eV	0.91	0.91	0.91	0.91
	$\dfrac{1}{\varepsilon R}$/eV	1.02	1.07	0.76	0.79
	V_{oc}/V	1.92	1.87	2.32	2.28

构　型		U-P	U-V	B-P	B-V
LC-ωPBE	HOMO/eV	−7.19	−7.20	−7.19	−7.18
	LUMO/eV	−1.86	−1.87	−1.71	−1.71
	IP 校正/eV	1.06	1.06	1.06	1.06
	EA 校正/eV	0.91	0.91	0.91	0.91
	$\dfrac{1}{\varepsilon R}$/eV	1.02	1.07	0.76	0.79
	V_{oc}/V	2.34	2.29	2.74	2.71
CAM-B3LYP	HOMO/eV	−6.26	−6.26	−6.25	−6.24
	LUMO/eV	−2.34	−2.36	−2.20	−2.19
	IP 校正/eV	1.03	1.03	1.03	1.03
	EA 校正/eV	0.91	0.91	0.91	0.91
	$\dfrac{1}{\varepsilon R}$/eV	1.02	1.07	0.76	0.79
	V_{oc}/V	0.95	0.90	1.36	1.32
实验值	V_{oc}/V	0.97~1.09			

注：IP 校正 EA 校正分别为 $IP_{D,film}-IP_{D,vacuum}$、$EA_{D,film}-EA_{D,vacuum}$ 的绝对值。

通过对以上两种常用计算开路电压算法的计算实例介绍，对比了方法一和方法二，发现相较于方法二，方法一的确存在很大的局限性。方法一由于计算参数较少、未考虑到给受体间的距离变化，只能得到比较粗略的计算结果，但当计算一系列分子的开路电压趋势时，可以使用方法一大致计算数据趋势。方法二不仅需要计算不同环境下（真空、薄膜）下的电子亲和势和电离势，还需要计算由于构型变化而引起的体异质结有机太阳能电池中给受体距离变化，但相较于方法一得到的计算结果更加准确可信。

3.5　薄膜中有机太阳能电池的分子排列对电子吸收光谱的影响

本节讲述一个计算实例，即富勒烯 C70 与亚酞菁 SubPC 分子在界面处不同构型对吸收光谱的影响。由于实验手段的有限及界面环境的复杂，SubPC/C70 在界面处的构型和性质研究，只有通过理论方法才能实现。在作者的研究中，通过在具体界面处薄膜环境下模拟 C70 与 SubPC 不同的位置取向，在密度泛函（DFT）和含时密度泛函（TDDFT）的理论基础上研究四种不同位置取向，本节选取 CAM-B3LYP、ωB97XD、LC-ωPBE 三种泛函来进行激发态研究，研究 SubPC 与 C70 二聚体的性质。吸收光谱模拟及相应数据处理具体方法与细节见附录 2。

在这里，主要分析 LC-ωPBE 泛函计算激发态画出的吸收光谱（图 3-27），因为只有基于 LC-ωPBE 泛函画出的吸收光谱得到的 B 带高于 Q 带，与实验测得

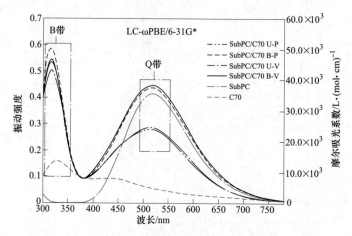

图 3-27　利用 LC-ωPBE 计算 TDDFT 后绘制出的吸收光谱（书后有彩图）

的吸收光谱一致。从图中可以看出，四种二聚体构型都有两个吸收峰，一个是 B 带集中于 330nm 左右，另一个是 Q 带集中于 530nm 左右。"bed"构型比"umbrella"构型有更高的吸收强度，说明"bed"构型对光子有更强的吸收作用。为了更加方便地对三种泛函计算数据进行分析，作者对吸收峰及吸收强度做了数据处理，如图 3-28 和表 3-4 所示。从图 3-28 中可以明显看出基于 LC-ωPBE 泛函模拟的吸收光谱，吸收峰波长位置比 ωB97XD 和 CAM-B3LYP 两种泛函发生了红

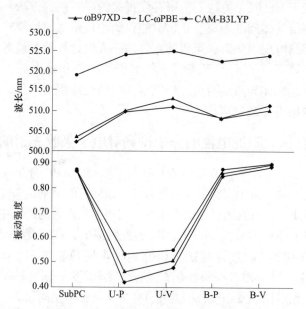

图 3-28　以 SubPC 单体作为参考数据，使用三种长程校正泛函
计算的不同二聚体构型的振子强度总和和平均波长

移，这主要是由于三个长程矫正泛函之间的交换相关贡献的内在差异。

表 3-4　基于三种长程校正泛函计算 SubPC 单体和四种二聚体构型的激发态平均波长 λ_{ave}

（nm）

项目	ωB97XD				LC-ωPBE				CAM-B3LYP			
	S	E	W	OS	S	E	W	OS	S	E	W	OS
	1	2.46	503.7	0.435	1	2.39	519.1	0.438	1	2.47	502.4	0.435
SubPC	2	2.46	503.6	0.435	2	2.39	519.0	0.438	2	2.47	502.3	0.435
	λ_{ave}	2.46	503.6	0.871	λ_{ave}	2.39	519.1	0.876	λ_{ave}	2.47	502.3	0.870
	1	2.35	527.5	0.000	1	2.36	525.5	0.267	1	2.34	530.9	0.000
U-P	2	2.43	510.9	0.233	2	2.37	523.0	0.265	2	2.43	510.8	0.208
	3	2.43	509.2	0.231					3	2.44	509.0	0.209
	λ_{ave}	2.43	510.1	0.464	λ_{ave}	2.37	524.2	0.533	λ_{ave}	2.43	509.9	0.418
	1	2.35	527.3	0.002	1	2.35	526.5	0.271	1	2.34	530.5	0.001
U-V	2	2.41	514.4	0.245	2	2.37	523.6	0.278	2	2.41	516.4	0.047
	3	2.42	512.0	0.260					3	2.42	513.3	0.219
									4	2.44	507.7	0.211
	λ_{ave}	2.42	513.2	0.507	λ_{ave}	2.36	525.0	0.549	λ_{ave}	2.43	511.1	0.478
	1	2.35	527.2	0.000	1	2.36	526.3	0.507	1	2.34	530.2	0.000
B-P	2	2.42	511.9	0.508	2	2.40	517.6	0.371	2	2.42	512.4	0.503
	3	2.46	503.0	0.354					3	2.47	502.1	0.346
	λ_{ave}	2.44	508.3	0.862	λ_{ave}	2.37	522.6	0.878	λ_{ave}	2.44	508.2	0.849
	1	2.35	527.8	0.005	1	2.35	527.8	0.522	1	2.33	531.3	0.006
B-V	2	2.41	514.8	0.530	2	2.39	518.5	0.371	2	2.40	516.9	0.517
	3	2.46	504.0	0.364					3	2.46	503.2	0.362
	λ_{ave}	2.43	510.4	0.899	λ_{ave}	2.37	523.9	0.893	λ_{ave}	2.42	511.4	0.886

注：S 为激发态序数；E 为能量，eV；W 为波长，nm；OS 为吸收强度。

　　由于有机小分子太阳能电池材料通常为固态的（多）晶体形式，因此减少势阱存在的一致的分子排列的形式对于提供突出的电荷载流子传输导管（活性层中）是必要的[40]。

　　接下来将以亚酞菁为例，使用极化连续介质模型模拟亚酞菁在溶液中的吸收光谱性质，也使用连续介质模型和离散-连续组合模型计算亚酞菁在溶液中的吸收光谱。

3.6　溶剂效应对亚酞菁在溶液中吸收光谱的影响实例

　　在计算溶液中的吸收光谱时，本节系统地研究了亚酞菁在常见的有机溶剂

（氯仿、二氯甲烷、三氯甲烷）中的吸收光谱，并从理论上再现了实验中所观测到的吸收光谱，具体模型及模拟过程如下所示[41]。图 3-29 为亚酞菁分子与四个溶剂分子形成第一溶剂层的侧视图和俯视图。关于溶剂模型的具体介绍见附录3。本节利用广义 Kohn-Sham 密度泛函和非平衡溶剂化模型，模拟了不同溶剂中亚酞菁的紫外-可见光谱。连续介质模型指将溶质放在介电常数为 ε 的连续介质中的空穴内，用一个连续的带电介质模拟溶剂效应，这种模型能有效地模拟溶质分子与溶剂间的长程静电作用，但这样做会忽略溶质与溶剂之间可能存在的直接化学作用，如氢键作用、溶剂分子与溶质分子之间形成配合的等短程相互作用以及电荷传递等。目前，能改进连续介质模型的一个方法是在计算时采用离散-连续组合模型（supermolecule-continuum model）。离散-连续组合模型将溶质分子和少数溶剂分子作用构成的超分子（一般为溶质分子及其邻近的溶剂分子，也被称为第一溶剂层）置入连续介质模型中进行计算，可以有效地改进上述 PCM 存在的缺陷。因此，本书也计算了亚酞菁单体分子在第一溶剂层包裹下的吸收光谱图。在不考虑第一溶剂化层的情况下，作者发现 ωB97XD 和 CAM-B3LYP 结果绘制的线与实验吸收波长的斜率接近 1.0，均方根偏差小于 40nm。最后，作者发现模拟结果高估了电子吸收光谱在紫外区域相对于实验光谱的振荡强度。这些结果表明，在理解溶液中亚酞菁的电子吸收光谱时，考虑溶质分子的聚集是非常重要的。

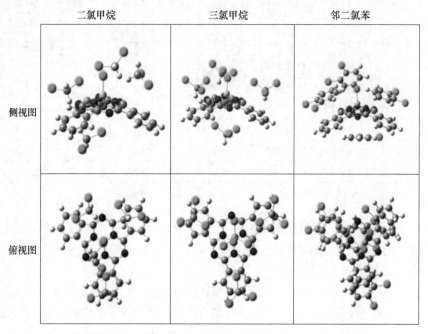

图 3-29　亚酞菁分子与四个溶剂分子形成第一溶剂层

（颜色：灰色—碳、蓝色—氮、粉色—硼、白色—氢、绿色—氯。书后有彩图）

3.6.1　亚酞菁单分子在不同溶剂中的吸收光谱模拟

本节展示了应用密度泛函和含时密度泛函，计算亚酞菁在氯仿、二氯甲烷和邻二氯苯三种溶剂中的吸收光谱的结果，并做了相关分析和讨论。由于结果的相似性，在此仅列出亚酞菁在氯仿中的模拟结果。

如图 3-30 和图 3-31 所示，在可见光区域，用 CAM-B3LYP、ωB97XD 和B3LYP 泛函得到的最大波长和平均波长几乎相同，大约为 520nm（偏差小于3nm），而由 LC-ωPBE 和 BP86 泛函得到的吸收波长分别为 537nm 和 542nm；对于振动强度而言，显然使用 BP86 泛函得到的值明显低于其他泛函的结果。在紫外区域，如图 3-32 所示，用 B3LYP、LC-ωPBE 和 BP86 泛函得到的最大和平均

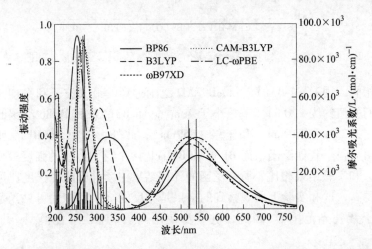

图 3-30　用不同泛函计算的亚酞菁溶于氯仿的紫外–可见光谱（书后有彩图）

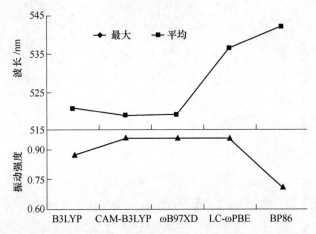

图 3-31　用不同泛函得到亚酞菁溶于氯仿可见光区域的最大/平均波长和振子强度

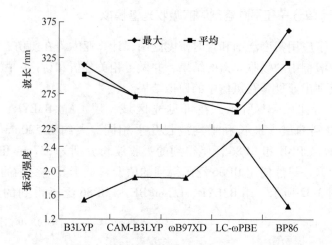

图 3-32 用不同泛函得到亚酞菁溶于氯仿紫外区域的最大/平均波长和振子强度

波长不再相同，用 CAM-B3LYP 和 ωB97XD 泛函得到的最大波长和平均波长仍然相同，它们的值约为 270nm（偏差小于 4nm），而 B3LYP 和 BP86 泛函的结果分别为红移（302nm 和 319nm）和蓝移（250nm）；此外，用 LC-ωPBE 泛函获得的吸收强度明显强于其他泛函，而 BP86 和 B3LYP 两个泛函产生的强度最低。如图 3-33 所示，和实验结果相比，所有泛函的计算结果中紫外吸收峰强度比可见光吸收峰强度要高，这和实验上所观察到的结果是相反的（实验中为可见光范围吸收峰强度高于紫外光范围）。因此，进一步使用离散-连续组合模型，即将溶质

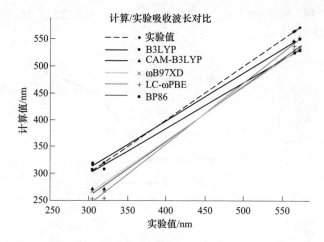

图 3-33 理论计算亚酞菁溶于氯仿、二氯甲烷、邻二氯苯溶剂
的吸收波长与实验吸收波长的对比图

SubPC 与周围邻近的溶剂分子（第一溶剂层）模型在 PCM 模型下做结构优化，并且使用不同泛函模拟所有第一溶剂层的吸收光谱，如图 3-34 所示。可以看到，加了第一溶剂层，紫外吸收峰的振子强度总是高于可见光区，这与实验结果相反，说明计算模型和真实体系还是有距离的。

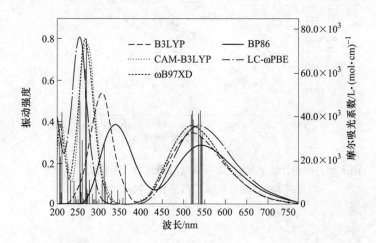

图 3-34 用不同泛函计算的亚酞菁–第一溶剂层团簇
模型溶于氯仿溶质的紫外-可见光谱（书后有彩图）

3.6.2 亚酞菁分子与第一溶剂层在不同溶剂中的吸收光谱模拟

在本节中，展示了在氯仿、二氯甲烷和邻二氯苯溶剂中亚酞菁–第一溶剂层团簇分子的吸收光谱的结果。与亚酞菁单分子在溶液中模拟的吸收光谱一致，三种溶剂的吸收光谱形状相似，同样，此处仅列出亚酞菁在氯仿中的模拟结果。

图 3-34 为亚酞菁–第一溶剂层团簇分子于氯仿溶剂的模拟光谱。对比影响图 3-30 中亚酞菁单体在氯仿溶剂中的计算结果，加了第一溶剂层的包裹似乎对亚酞菁的吸收光谱图影响不大，但对于邻二氯苯和二氯甲烷溶剂，即亚酞菁–第一溶剂层团簇分子的吸收波长均有轻微红移。同时，图 3-33 和图 3-35 分别为理论计算的亚酞菁溶于氯仿、二氯甲烷、邻二氯苯溶剂的吸收波长（亚酞菁单体和亚酞菁包裹于第一溶剂层中）与实验吸收波长的对比图，可以看出，两个图的斜率有一定差别。综上，离散-连续模型的使用，即第一溶剂层的引入，能提高计算的准确性。

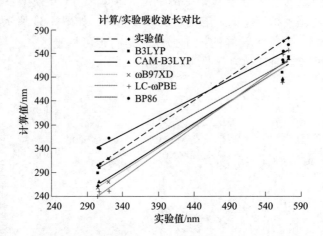

图 3-35　理论计算亚酞菁-第一溶剂层团簇分子于氯仿、二氯甲烷、邻二氯苯溶剂的吸收波长与实验吸收波长的对比图

参 考 文 献

［1］Sathyamurthy N. Computational fitting of ab initio potential energy surfaces［J］. Comput. Phys. Rep，1985，3：1-69.

［2］Van den Doel K，Ascher U. The chaotic nature of faster gradient descent methods［J］. J. Sci. Comput，2012，51：560-581.

［3］Herceg D. Means based modifications of Newton′s method for solving nonlinear equations［J］. Appl. Math. Comput，2013，219：6126-6133.

［4］Xu C，Zhang J. A survey of Quasi-Newton equations and Quasi-Newton methods for optimization［J］. Ann. Oper. Res，2001，103：213-234.

［5］Yamamoto T. Historical developments in convergence analysis for Newton′s and Newton-like methods［J］. J. Comput. Appl. Math，2000，124：1-23.

［6］Fatemi M. A scaled conjugate gradient method for nonlinear unconstrained optimization［J］. Optim. Method. Softw，2017，32，1095-1112.

［7］Frisch M J T G W，Schlegel H B，et al. Wallingford CT：Gaussian Inc.［J］. 2009.

［8］Savoie B M，Jackson N E，Marks T J，et al. Reassessing the use of one-electron energetics in the design and characterization of organic photovoltaics［J］. Phys. Chem. Chem. Phys，2013，15：4538-4547.

［9］Jailaubekov A E，Willard A P，Tritsch J R，et al. Hot charge-transfer excitons set the time limit for charge separation at donor/acceptor interfaces in organic photovoltaics［J］. Nat. Mater，2013，12：66-73.

［10］Kuvychko I V，Whitaker J B，Larson B W，et al. Substituent effects in a series of 1，7-C-60

(R-F)(2) compounds (R-F=CF3, C2F5, n-C3F7, i-C3F7, n-C4F9, s-C4F9, n-C8F17): electron affinities, reduction potentials and E (LUMO) values are not always correlated [J]. Chem. Sci, 2012, 3: 1399-1407.

[11] Schwenn P E, Burn P L, Powell B J. Calculation of solid state molecular ionisation energies and electron affinities for organic semiconductors [J]. Org. Electron, 2011, 12: 394-403.

[12] Nayak P K, Periasamy N. Calculation of ionization potential of amorphous organic thin-films using solvation model and DFT [J]. Org. Electron, 2009, 10: 532-535.

[13] Nayak P K, Periasamy N. Calculation of electron affinity, ionization potential, transport. gap, optical band gap and exciton binding energy of organic solids using 'solvation' model and DFT [J]. Org. Electron, 2009, 10: 1396-1400.

[14] Djurovich P I, Mayo E I, Forrest S R, et al. Measurement of the lowest unoccupied molecular orbital energies of molecular organic semiconductors [J]. Org. Electron, 2009, 10: 515-520.

[15] Duhm S, Heimel G, Salzmann I, et al. Orientation-dependent ionization energies and interface dipoles in ordered molecular assemblies [J]. Nat. Mater, 2008, 7: 326-332.

[16] D'Andrade B W, Datta S, Forrest S R, et al. Relationship between the ionization and oxidation potentials of molecular organic semiconductors [J]. Org. Electron, 2005, 6: 11-20.

[17] Chai J D, Head-Gordon M. Long-range corrected hybrid density functionals with damped atom-atom dispersion corrections [J]. Phys. Chem. Chem. Phys, 2008, 10: 6615-6620.

[18] Rohrdanz M A, Martins K M, Herbert J M. A long-range-corrected density functional that performs well for both ground-state properties and time-dependent density functional theory excitation energies, including charge-transfer excited states [J]. J. Chem. Phys, 2009, 130: 54112.

[19] Vydrov O A, Scuseria G E. Assessment of a long-range corrected hybrid functional [J]. J. Chem. Phys, 2006, 125: 234109.

[20] Phillips H, Zheng Z L, Geva E, et al. Orbital gap predictions for rational design of organic photovoltaic materials [J]. Org. Electron, 2014, 15: 1509-1520.

[21] Xiao M, Tian Y, Zheng S. An insight into the relationship between morphology and open circuit voltage/electronic absorption spectrum at donor-acceptor interface in boron subphthalocyanine chloride/C70 solar cell: A DFT/TDDFT exploration [J]. Org. Electron, 2018, 59: 279-287.

[22] Chen X, Zheng S. Inferring the molecular arrangements of boron subphthalocyanine chloride in thin film from a DFT/TDDFT study of molecular clusters and experimental electronic absorption spectra [J]. Org. Electron, 2018, 62: 667-675.

[23] Grimme S, Antony J, Ehrlich S, et al. A consistent and accurate ab initio parametrization of density functional dispersion correction (DFT-D) for the 94 elements H-Pu [J]. J. Chem. Phys, 2010, 132: 154104.

[24] Yao J, Kirchartz T, Vezie M S, et al. Quantifying losses in open-circuit voltage in solution-processable solar cells [J]. Phys. Rev. Appl, 2015, 4: 14020.

[25] Scharber M C, Mühlbacher D, Koppe M, et al. Design rules for donors in bulk-heterojunction solar cells—Towards 10% energy-conversion efficiency [J]. Adv. Mater, 2006, 18: 789-794.

[26] Li G, Zheng S. Exploring the effects of axial halogen substitutions of boron subphthalocyanines

on their performance in BsubPC/C60 organic solar cells: A DFT/TDDFT-based computational study [J]. New J. Chem. , 2019, 43: 12719-12726.

[27] Zheng S, Xiao M, Tian Y, et al. Prediction of the lowest charge-transfer excited-state energy at the donor-acceptor interface in a condensed phase using ground-state DFT calculations with generalized Kohn-Sham functionals [J]. J. Mol. Model, 2017, 23: 235-240.

[28] Carlotto S. Theoretical investigation of the open circuit voltage: P3HT/9, 9'-bisfluorenylidene derivative devices [J]. J. Phys. Chem. A, 2014, 118: 4808-4815.

[29] Dhanabalan A, Knol J, Hummelen J C, et al. Design and synthesis of new processible donor-acceptor dyad and triads [J]. Synth. Met, 2001, 119: 519-522.

[30] Barbara P F, Meyer T J, Ratner M A. Contemporary issues in electron transfer research [J]. J. Phys. Chem, 1996, 100: 13148-13168.

[31] Schlenker C W, Thompson M E. The molecular nature of photovoltage losses in organic solar cells [J]. Chem. Commun, 2011, 47: 3702-3716.

[32] Willems R E M, Weijtens C H L, de Vries X, et al. Relating frontier orbital energies from voltammetry and photoelectron spectroscopy to the open-circuit voltage of organic solar cells [J]. Adv. Energy Mater, 2019, 9: 1803677.

[33] Vandewal K. Interfacial charge transfer states in condensed phase systems [J]. Annu. Rev. Phys. Chem, 2016, 67: 113-133.

[34] Liu J, Chen S, Qian D, et al. Fast charge separation in a non-fullerene organic solar cell with a small driving force [J]. Nat. Energy, 2016, 1: 16089.

[35] Ji X, Zou T, Gong H, et al. Cobalt phthalocyanine nanowires: Growth, crystal structure, and optical properties [J]. Cryst. Res. Technol, 2016, 51: 154-159.

[36] Duan C, Zango G, Garcia Iglesias M, et al. The role of the axial substituent in subphthalocyanine acceptors for bulk-heterojunction solar cells [J]. Angew. Chem. Int. Ed, 2017, 56: 148-152.

[37] Brothers P J. Boron complexes of porphyrins and related polypyrrole ligands: unexpected chemistry for both boron and the porphyrin [J]. Chem. Commun, 2008: 2090-2102.

[38] Ebenhoch B, Prasetya N B A, Rotello V M et al. Solution-processed boron subphthalocyanine derivatives as acceptors for organic bulk-heterojunction solar cells [J]. J. Mater. Chem. A, 2015, 3: 7345-7352.

[39] Peng S, Zheng S. A computational investigation on core-expanded subphthalocyanines [J]. Int. J. Quantum. Chem, 119: e25942.

[40] Thorley K J, Risko C. On the impact of isomer structure and packing disorder in thienoacene organic semiconductors [J]. J. Mater. Chem, 2016, 4: 4040-4048.

[41] Chen X, Chen W, Zheng S. Reproduction of the UV-vis spectra of boron subphthalocyanine chloride in different solvents using time-dependent generalized Kohn-Sham density functionals with first solvation shell [J]. J. Porphyr. Phthalocya, 2018, 22: 670-678.

4 介电常数和激子结合能

4.1 介电常数计算

介电常数为反映介质内部电极化行为的宏观物理量。其可简单定义为当电解质均匀充满电容器后，电容 C 与真空电容 C_0 的比值。介电质的"介"字有隔开的含义，暗示理想中的介电质具有完全的绝缘性。但在现实中，并没有完全不导电的物质，因而就导电能力可将物质大致分为三类：绝缘体、半导体、导体。绝缘体的导电性一般较差，基本上可以看作理想的介电质[1]。

描述介电材料的电磁特性的参数主要有两个：介电常数和磁导率。虽然人们习惯于将这两个参数看作常数，但实际上它们随着频率、温度等变量的变化而发生变化。介电常数是研究材料与电磁波相互作用时的核心参数之一。对于有着高介电常数的材料而言，其为解决当前半导体器件尺寸缩小而导致的栅氧层厚度极限等问题提供了可能性，同时利用一些高介电常数材料所具有的特殊物理性能，可制造具有特殊性能的新型器件[2]。低介电常数的材料，需要传输电流时低损耗、低泄漏，并且希望在力学性能上具有高强度、化学性能稳定和低收缩性等特点[3,4]。

材料的介电常数在外加电场的作用下与材料的极化特性有关。在外电场作用下，电解质出现极化电荷的现象称为电解质的极化。物质都是由原子或分子构成的。原子是由带正电的原子核和核外电子构成的，而分子是由一些原子构成的。一般情况下，电子云对于原子核呈均匀的分布状，从而原子整体显中性。当加入一定的电场后，原子核与核外电子发生一定程度的相对位移，使得正负电荷中心无法重合，进而形成一个电偶极子，其方向与电场方向平行，此为电子位移极化。可以用一对相距为 L，分别带有电荷量 q 的正负电荷所组成的系统来描述电偶极子，其电偶极矩 p 的大小可用电荷和离子间距离的乘积来表示，其方向是从负电荷指向正电荷。

另一种极化为取向极化。其中分子极化是对于极性分子而言的，在外加电场后，会使其偶极子方向朝外加电场方向偏转。离子极化主要存在于离子晶体中，在外加电场时，负离子会朝向和电场方向相反的方向偏移，产生极化现象。

这里需要说明的是，前面几种情形包含了两种情况。H_2，N_2 等分子是非极性分子，在没有外加电场的情况下，分子没有电偶极矩，加上电场后会产生感生极矩，它们的极化机制通常为电子位移极化机制；相反，水这一类的极性分子，在没有外加电场时，仍存在大量的每一分子的固有极矩，加上电场后，每个分子偶极矩收到力矩作用趋向于整齐排列，它们的极化机制通常为取向极化机制。通常来说极性分子的介电常数要高于非极性分子。例如水的相对介电常数可以达到81 左右，而陶瓷的介电常数为 $9 \sim 10^{[5]}$。常见的有机光伏材料富勒烯（C60）的介电常数为 4.1，而非富勒烯材料 SubPC 的介电常数为 3.9[6]，可见有机光伏材料的介电常数都相对较小。

对于太阳能电池，介电常数是一个非常重要的参数。材料的介电性可看作是材料对于电子的阻拦能力。通常来说这种阻拦能力越强，激子分离后产生的电子与空穴重新聚合就越难，也就更加容易向两端移动。而有机物的介电常数较低，故其对于电子与空穴的隔断效果较差，这是限制有机太阳能电池发展的重要因素。因此探寻高介电常数的有机太阳能电池材料是研究热点。

4.1.1　介电常数的常见计算方法

4.1.1.1　克劳修斯-莫索提方程式

综合介电质内每一种分子的贡献，就可以计算出介电质的电极化强度，据此可将介电质的电极化强度定义为

$$P(r) = \sum_j N_j(j) p_j(r) \tag{4-1}$$

式中，P 为电极化强度；r 为检验位置；$N_j(j)$，$p_j(r)$ 分别为每单位面积分子 j 的数量与电偶极矩。将一个分子的极化率电偶极矩定义为下面的式子

$$p = \alpha E_0 \tag{4-2}$$

代入式 4-1，可以得到

$$P(r) = \sum_j N_j(j) \, \alpha_j E(r) \tag{4-3}$$

在计算式 4-3 时，必须先知道在分子所处位置的电场，称为"局域电场"（E_{local}）。介电质内部的微观电场，从一个位置到另一个位置，其变化可能会相当剧烈。在电子或质子附近，电场很大，距离稍微远一点，电场呈与距离的平方成反比减弱。所以，很难计算电子在这么复杂的电场的物理行为。幸运的是，对于大多数计算，并不需要这么详细的描述。只要选择一个足够大的区域（例如，体积为 V'、内中含有上千个分子的圆球体）来计算微观电场 E_{micro} 的平均值，将其称为"巨观电场"（E_{macro}），就可以足够准确地计算出该处电子的物理行为：

$$E_{macro} = \frac{1}{V'} \int_{V'} E_{micro} \mathrm{d}^3 r' \tag{4-4}$$

对于稀薄介电质，分子与分子之间的距离相隔很远，邻近分子的贡献很小，局域电场可以近似为巨观电场 E_{macro}：

$$E_{local} \approx E_{macro} \tag{4-5}$$

但对于致密介电质，分子与分子之间的距离相隔很近，邻近分子的贡献很大，必须将邻近分子的电场贡献纳入考量：

$$E_{\text{local}} = E_{\text{macro}} + E_{\text{near}} \tag{4-6}$$

基于 Lorentz 球模型，可以计算上式。具体来说：以参考粒子为球心，以半径 a 做球，球外是介电常数为 ε 的电介质，忽略球外微观结构而将其看作宏观连续介质。此时对临近电场（E_{near}）进行分类，可分为三种电场[7]。

（1）$E1$：退极化场。指当电场中存在电介质时，空间任意一点的电场强度等于外加电场强度和极化电荷产生的附加电场强度的矢量和。在电介质内部，两者的方向相反。因此，极化电荷产生的附加电场强度起着削弱电介质极化的作用，故称为退极化场。

（2）$E2$：洛伦兹空腔场。在样品中，切割出一个以所考虑的参考原子为中心的球形空腔，极化电荷在这空腔里所产生的场就是所谓的洛伦兹空腔场，见图 4-1。

（3）$E3$：空腔内部原子产生的场，也是唯一由晶体结构决定的一项。已有的研究证明对于球体中具有立方对称环境的一个参考格点来说，如果所有的原子可以通过彼此平行的偶极子代替，则 $E3 = 0$。

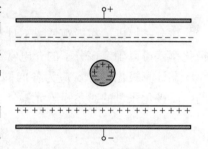

由于通常情况下 $E3 = 0$，则 $E1 + E2$ 为周围分子受到电场激发后，产生极化而生成的电场，即是 E_{near}，以 θ 表示电解质球表面上参考点的外法线与极化方向的夹角，同时保证外电场是均匀的，则极化电荷的面密度为

图 4-1 Lorentz 球模拟示意图

$$\sigma_{\text{near}} = \sigma_n = p\cos\theta \tag{4-7}$$

球面元及在球面元上的极化电荷可表示为

$$\mathrm{d}s' = 2\pi a^2 \sin\theta \mathrm{d}\theta \tag{4-8}$$

$$\mathrm{d}q'_{\text{near}} = \sigma_{\text{near}}\mathrm{d}s' = P2\pi a^2 \sin\theta\cos\theta \mathrm{d}\theta \tag{4-9}$$

按照库仑定律，平行于极化方向的电场元分量大小为

$$\mathrm{d}E'_{\text{near}\parallel} = \frac{2q'_p}{4\pi\varepsilon_0 a^2}\cos\theta = \frac{P\sin\theta\cos^2\theta\mathrm{d}\theta}{2\varepsilon_0} \tag{4-10}$$

积分后得 $E_{\text{near}} = \dfrac{P}{3\varepsilon_0}$，则在所设模型中该点处的局域场为

$$E_{\text{local}} = E_{\text{macro}} + \frac{P}{3\varepsilon_0} \tag{4-11}$$

综合前面得到的结果在较密介质中：

$$P = \sum_j N_j(j)\ \alpha_j(E_{\text{macro}} + E_{\text{near}}) = \sum_j N_j(j)\ \alpha_j\left(E_{\text{macro}} + \frac{P}{3\varepsilon_0}\right) \tag{4-12}$$

对于各向同性，线性均匀的介电质，电极化率χ_e定义为

$$P = \varepsilon_0 \chi_e E_{\text{macro}} \tag{4-13}$$

电极化率与极化率的关系为

$$\frac{\chi_e}{\chi_e + 3} = \frac{1}{3\varepsilon_0} \sum_j N_j \alpha_j \tag{4-14}$$

由于相对电容率ε_r与电极化率的关系为$\varepsilon_r = 1 + \chi_e$，所以，相对电容率与极化率的关系为[7]

$$\frac{\varepsilon_r - 1}{\varepsilon_r + 2} = \frac{1}{3\varepsilon_0} \sum_j N_j \alpha_j \tag{4-15}$$

该公式就是克劳修斯-莫索提（Clausius-Mossotti equation）方程式通过积分可以得到平时所用的[8]

$$\frac{\varepsilon - 1}{\varepsilon + 2} = \frac{4\pi\alpha}{3V} \tag{4-16}$$

该公式提供了在微观情况下计算介电常数的方法。那么确定了分子的体积与极化率就可以确定该分子的介电常数。

在计算极化率时α应为各向同性成分，即为来自DFT的每个分子的极化率的一阶极化张量的对角矩阵元素。

$$\alpha = \frac{1}{3} \sum_i \alpha_{ii} \tag{4-17}$$

在推导中可以发现，洛伦兹场中完全没有考虑环境因素，没有考虑晶格对其的影响。所以这个公式适用于分子间距较大或分子间相互作用力较小的情况。对于极性分子，由于其分子具有极性，易产生分子间的相互作用力，并不适用。

4.1.1.2　分子体积

分子体积是分子表面内部空间的体积，由于分子表面并没有统一的国际标准，需要对其进行讨论说明。现在已知的对于体积的定义有以下两种。其一是让某原子围绕分子的表面运动接触面所围成的体积，此体积是溶剂分子不能触及的空间，被称为solvent-excluded体积。由于这种体积较难度量计算，所以在本书的计算中并不使用这种方式。

较为常用的准确的体积是范德华体积，但范德华体积有着不同的定义。一种是认为分子是原子进行拼接叠加而成。在这种说法中，电子效应、因成键而导致的电子转移、极化效果都没有考虑在内，故这种方法并不可信。另一种范德华体积是由Bader所提出的较为严格的定义，即是将电子密度为0.001处的等值面认为是范德华表面，这样可以囊括分子中绝大部分的电子密度。然而这种定义中认为分子相距较远，因此未考虑原子之间的相互作用而导致的分子体积压缩，故在

固体或者液体中使用电子密度为 0.002 作为分子的体积的定义[7]。使用多大的电子密度去进行相关计算需要通过基准校正而确定。其具体的计算细节也有两种。一种方法是可以在单位空间中选点，通过对于该点电子密度的计算可以得到该点是否在该分子的体积内部。在大量投点后得到该分子在整个单位空间的大致比例，进而可以得到该分子的体积。但是由于每次的投掷点都有随机性，若投点太少整体的计算结果每次都有差别无法自恰；而投点太多又不经济，因而一般来说不使用这种计算方法。另一种方法则是基于 Marching Tetrahedron（MT）算法用 Bader 定义的范德华体积，基于 MT 算法构建等值面。本算法的基本流程是：首先将格点数据计算出来；然后将格点数据换成等值面，用三角形描述；最后将三角形连起就成为最后的等值面。这种计算方法较为科学，因此在之后的计算中都将使用这种方式。

4.1.2 计算实例

首先对一些已知介电常数的分子进行基准校正工作，由于分子的结构各不同并且每个结构有其自身的特点，所以需选用不同的基组泛函与电子密度，以找到最适合的计算方法。通常在溶液或者固体中使用的电子密度为 0.002，但在实际中并不是每一个都可以使用相同的数值，所以要进行测试。以下所有的计算使用的软件都是 Gaussian 09。

以苯为例，如图 4-2 所示，先使用 B3LYP/6-31G* 完成对于分子的优化，对优化后的结构使用 polar 命令计算极化率。注意无论是做结构优化计算还是极化率计算都要使用相同的基组与泛函，在最初优化中使用的是 B3LYP/6-31G*，那么在计算极化率时使用的则也应该是 B3LYP/6-31G*。图 4-3 为在 Gaussian 09 中计算苯的极化率所得到的输出文件，该结果为 xx、xy、yy、xz、yz、zz 排列。此处只选择 xx、yy、zz 按照式 4-17 进行平均，所得到的结果就是该分子的极化率[9]。

```
%nproc=2
%mem=4gb
# b3lyp/6-31+g polar

ben

0 1
C    0.145751    0.828222   -0.012818
C    1.548102    0.828235   -0.012375
C    2.249273    2.042648   -0.012905
C    1.548177    3.257238   -0.013926
C    0.145917    3.257224   -0.014389
C   -0.555300    2.042734   -0.013816
H   -0.397235   -0.112260   -0.012390
H    2.090967   -0.112331   -0.011623
H    3.335259    2.042596   -0.012574
H    2.091285    4.197649   -0.014368
H   -0.397066    4.197723   -0.015156
H   -1.641286    2.042927   -0.014160
```

图 4-2 计算极化率时苯的输入文件样式

在计算分子体积时需要使用 MT 算法，则需要借助软件 Multiwfn。图 4-4 为 Gaussian 09 计算体积的输入文件示例。在计算时需要使用 opt out = wfn 的命令，并在输入文件最后加上希望得到的输出文件目录。计算后输出一个 wfn 文件。将

```
Exact polarizability:   77.656  -0.002  77.647   0.000  -0.000  39.369
Approx polarizability: 122.915   0.002 122.906   0.000  -0.000  49.526
```

图 4-3　在 Gaussian 09 中计算苯的极化率所得到的输出文件

其拖入 Multiwfn 软件界面，按照以下路径操作：12 Quantitative analysis of molecular surface→2 Select mapped functio→−1 User defined function → 0 Start analysis now! 即可得到该分子的体积。计算结果如图 4-5 所示。

　　使用上述方法运用不同泛函和基组计算苯和蒽，并将计算结果与实验测试值进行对比。最终可以得到 B3LYP/6-31G*，电子密度为 0.001 配置下，计算得到的两种分子的介电常数值是最接近于实验测试值的。在进行基准计算中使用 B3LYP 和 ωB97X 的两种泛函，以及 6-31 + G*/6-311 + G*/6-31 + G/cc-pVTZ/6-31G* 的五种基组。具体结果见表 4-1。

```
%nproc=2
%mem=4gb
# b3lyp/6-31+g opt out=wfn

ben

0 1
 C    0.145751    0.828222   -0.012818
 C    1.548102    0.828235   -0.012375
 C    2.249273    2.042648   -0.012905
 C    1.548177    3.257238   -0.013926
 C    0.145917    3.257224   -0.014389
 C   -0.555300    2.042734   -0.013816
 H   -0.397235   -0.112260   -0.012390
 H    2.090967   -0.112331   -0.011623
 H    3.335259    2.042596   -0.012574
 H    2.091285    4.197649   -0.014368
 H   -0.397066    4.197723   -0.015156
 H   -1.641286    2.042927   -0.014160

c:\ben-vi.wfn
```

图 4-4　计算苯环分子体积时在 Gaussian 09 中输入文件示例

```
================ Summary of surface analysis ================

Volume:  3178.54707 Bohr^3  ( 471.01218 Angstrom^3)
Estimated density according to mass and volume:     1.5183 g/cm^3
Minimal value:      1.00000000    Maximal value:      1.00000000
Overall surface area:      1445.21115 Bohr^2  ( 404.70040 Angstrom^2)
Positive surface area:     1445.21115 Bohr^2  ( 404.70040 Angstrom^2)
Negative surface area:        0.00000 Bohr^2  (   0.00000 Angstrom^2)
Overall average value:        1.00000000
Positive average value:       1.00000000
Negative average value:             NaN
Overall variance:     0.0000000000
Positive variance:    0.0000000000
Negative variance:    0.0000000000
```

图 4-5　在 Multiwfn 中分子体积所表现出的格式

表 4-1　苯和蒽基于克劳修斯−莫索提方程式计算所得的介电常数

方　法	苯（2.27）	蒽（2.5~4.0）
B3LYP/6-31G*/0.001	2.25	3.61
ωB97X-6-31G*-0.001	2.25	3.03

续表 4-1

方　法	苯（2.27）	蒽（2.5~4.0）
ωB97X-cc-pVTZ-0.001	2.49	3.37
B3LYP-cc-pVTZ-0.001	2.50	3.48
ωB97X-6-31+G-0.001	2.51	3.37
ωB97X-6-311+G*-0.001	2.52	3.40
B3LYP-6-311+G*-0.001	2.54	3.54
B3LYP-6-31+G-0.001	2.55	3.53
ωB97X-6-31+G*-0.001	2.55	3.45
B3LYP-6-31+G*-0.001	2.59	3.61
ωB97X-6-31G*-0.002	2.67	3.78
B3LYP-6-31G*-0.002	2.68	3.94
ωB97X-cc-pVTZ-0.002	3.07	4.40
B3LYP-cc-pVTZ-0.002	3.08	4.60
ωB97X-6-31+G-0.002	3.09	4.39
ωB97X-6-311+G*-0.002	3.11	4.46

上述计算流程既是进行基准校正的步骤又是计算介电常数的步骤，故不再重新说明。

在本节中计算了单个分子的介电常数，进而预测宏观介电常数。而在实际测量中无法直接测量单个分子，故而计算所得到的介电常数，相比较于实验，对微观有着更为直观的解释。此外，实验中使用的介质振膜技术，对于材料介电常数有着一定程度的影响，介电常数的数值会随着测量仪器的频率增加而减小[10]。计算能够对材料的介电常数做出预测，对于实际生产有着较为前沿的指导意义。并且对于未知的材料来说，这种预测可以成为它们性能的判定标准，进而有利于简化材料的设计合成路线。

4.2 激子结合能

4.2.1 激子的分类

激子是一个电子和一个空穴通过静电库仑力相互作用被吸引在一起的束缚态电子空穴对[11]，它是在光跃迁过程中产生的。激子的概念最先由 Yakov Frenkel 在描述绝缘体晶格中原子的激发时于 1931 年提出[12]。根据不同性质的材料以及粒子处于不同的状态，激子可以分为 Frenkel 激子[13]、Wannier-Mott 激子[13]、Charge-transfer 激子[14]等。下面简单介绍几类材料中常见的激子，激子类型见图 4-6。

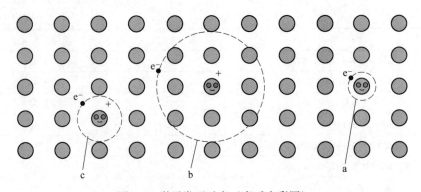

图 4-6 激子类型示意（书后有彩图）

a—最小半径的 Frenkel 激子，激子半径与晶格常数 a_L 大约相等；

b—激子半径比晶格常数 a_L 大得多的 Wannier-Mott 激子；c—Charge-transfer 激子

（1）Frenkel 激子。Frenkel 激子被视为一个相关的电子-空穴对，其在晶格中以格点为单元移动。激子的半径可以定义为电子与其相应空穴的平均距离。因而 Frenkel 激子和分子在激发态的电子轨道相比有很小的激子半径，一般是<5×10^{-10}m[15]。电子和空穴间较大的库仑引力会导致较小的激子半径，所以 Frenkel 激子的激子结合能一般在 0.1~1eV。这类激子在有机材料中比较常见[16]。

（2）Wannier-Mott 激子[17]。激子的半径比分子间的距离还要大 1 个数量级的激子就是 Wannier-Mott 激子，其半径在（40~100）×10^{-10}m[15]。此类激子半径较大[18]，电子和空穴间的束缚较弱，所以这类激子的结合能一般在 10meV 左右，较 Frenkel 激子的束缚能小。这类激子在原子间相互作用比较强、介电常数比较高的无机材料中比较常见[14]。

（3）Charge-transfer 激子。Charge-transfer 激子被用来表示电子激发态，其激子半径是最近邻分子间距离的 1~2 倍，介于上述两种激子之间[19]。它们主要发生在离子晶体中[20]。

4.2.2 有机分子激子结合能

激子结合能是将处于激发态的电子空穴对分离成自由的电子和空穴所需要的能量[17]。有机材料中光激发产生的电子一般是 Frenkel 激子，所以有机光伏材料的激子结合能在 0.1~1eV[18]。有机材料来源丰富且成本低廉，轻便可折叠，具有很可观的应用前景，而激子结合能是影响有机材料光电性质的重要因素。具有较小的激子结合能的有机材料通常表现出较好的电荷分离效率，这对于有机光伏材料的应用是十分有利的，例如，有机太阳能电池，相反的，较大的激子结合能的性质有利于电致发光材料的应用[18]。因此，理解有机材料激子结合能相关参数对于设计理想的有机光电材料是非常重要的。

　　直接实验测量获得有机分子的激子结合能是非常困难的，因此激子结合能可由一些易于直接测量的基本参数计算获得。当前关于激子结合能的计算方法有很多[21]，主要是基于第一性原理的量子计算[22]。Nayak 等人认为激子结合能与分子的形状和大小有关，利用密度泛函理论传统密度泛函 B3LYP 计算了分子的体积和半径，获得了一些有机共轭小分子在真空中和在薄膜下的激子结合能[23]。Stefan Kraner 等人认为激子结合能是空穴和电子之间的库仑引力减去这些准粒子的动能，同样也利用了密度泛函理论，采用长程校正泛函 CAM-B3LYP 计算了一个三联大分子的电子和空穴间的库仑引力，其中准粒子的动能取了电子和空穴间库仑引力的一半[24]，并设计了一个激子结合能小至约为 39meV 的有机三联大分子[25]。

　　另有文献[25]提到分子的激子结合能可由下述公式计算获得：

$$E_{\mathrm{b}} = E_{\text{fundamental gap}} - E_{\text{optical gap}} \tag{4-18}$$

其中

$$E_{\text{fundamental gap}} = IP_N - EA_N \tag{4-19}$$

　　式 4-18 中的 $E_{\text{optical gap}}$ 定义为：分子的光学间隙对应于通过吸收一个光子而获得的最低电子跃迁的能量[26]。而电离能 IP_N 和电子亲和势 EA_N 分别可以利用紫外光电子能谱（ultraviolet photoelectron spectroscopy）和逆光电子能谱（inverse photoemission spectroscopy）实验方法测得[27]，也可以用计算方法求得。

$$IP_N = E_N - E_{N-1} \tag{4-20}$$

$$EA_N = E_N - E_{N+1} \tag{4-21}$$

式中，E_{b} 为激子结合能；$E_{\text{fundamental gap}}$ 为基本带隙能量；$E_{\text{optical gap}}$ 为通过 TDDFT 计算获得的从基态（S_0）到第一单重激发态（S_1）的垂直激发能量；E_{N-1} 为阳离子体系能量；E_N 为中性分子能量；E_{N+1} 为阴离子体系能量。

4.2.3　有机分子激子结合能计算实例

　　本节，以基于亚酞菁的中心扩环 subazaphenalenephthalocyanine（SubAPPC）为例，如图 4-7 所示，展示激子结合能的计算方法和不同扩环对激子结合能的影响[28]。

　　首先，利用 GaussView 建立分子模型，并做几何结构优化和频率计算。确定平衡态下分子的稳定构型后，利用三种不同的泛函计算各体系在气态环境下电离势、电子亲和势和激发态能量。最后利用公式 4-19 求得各体系的激子结合能，如图 4-8 所示。

　　由图 4-8 可知，CAM-B3LYP 和 ωB97X 两种长程校正泛函获得的结果具有相同的趋势。也就是说，从 C1 到 C2 到 C3，随着分子结构的变化，E_{b} 先增加然后下降，且 ωB97X 的值总是比 CAM-B3LYP 的值大至少 0.13eV。但是，B3LYP 泛

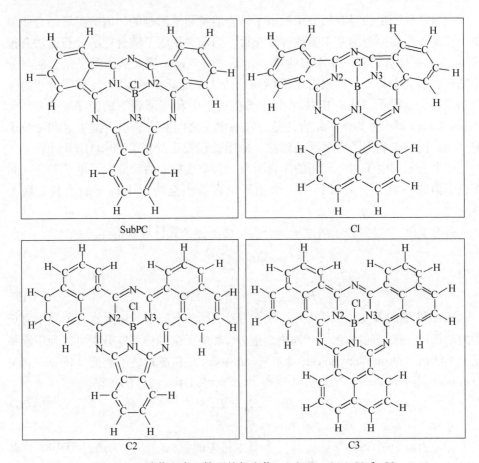

图 4-7　亚酞菁和中心扩环的衍生物：SubPC、C1、C2 和 C3

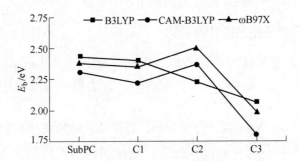

图 4-8　亚酞菁及其扩环衍生物的激子结合能（E_b）

（颜色：绿色—B3LYP，黑色—CAM-B3LYP，红色—ωB97X。书后有彩图）

函获得的激子结合能有不同的趋势。如上所述，长程校正泛函更可靠，因为它们可以更精确地描述体系地激发态性质。因此，此处只考虑长程校正泛函的结果。

发现 C2/C3 两个体系在两个长程校正泛函中分别具有最大/最小的激子结合能。很明显，C3 结构总是具有最小的激子结合能，这意味着吸收光子后它产生的电子空穴对更容易分离。

参 考 文 献

[1] 刘小明. 介电常数及其测量技术 [M]. 北京：北京邮电大学出版社，2015.

[2] 党智敏，王海燕，彭勃，等. 高介电常数的聚合物基纳米复合电介质材料 [J]. 中国电机工程学报，2006（15）：100-104.

[3] 袭锴，徐丹，贾叙东. 低介电常数聚合物材料的研究进展 [J]. 高分子材料科学与工程，2004，20：1-5.

[4] 黄娆，刘之景. 新型低介电常数材料研究进展 [J]. 微纳电子技术，2003，40：11-14.

[5] Balanis C A. Advanced engineering electromagnetics [M]. Wiley，1989.

[6] Chen X, Zheng S. Inferring the molecular arrangements of boron subphthalocyanine chloride in thin film from a DFT/TDDFT study of molecular clusters and experimental electronic absorption spectra [J]. Org. Electron，2018，62：667-675.

[7] 基泰尔. 固体物理导论 [M]. 项金钟，吴兴惠，译. 北京：化学工业出版社，2011.

[8] Gommans H H P, Cheyns D, Aernouts T, et al. Electro-optical study of subphthalocyanine in a bilayer organic solar cell [J]. Adv. Funct. Mater，2007，17：2653-2658.

[9] Phillips H, Zheng Z L, Geva E, et al. Orbital gap predictions for rational design of organic photovoltaic materials [J]. Org. Electron，2014，15：1509-1520.

[10] 张健，赵梦遥，王辉. 用谐振腔微扰法测量太阳能电池片的介电常数和介电损耗角正切 [J]. 渤海大学学报（自然科学版），2010，31：356-358.

[11] Schwenn P E, Burn P L, Powell B J. Calculation of solid state molecular ionisation energies and electron affinities for organic semiconductors [J]. Org. Electron，2011，12：394-403.

[12] Lu T, Chen F W. Quantitative analysis of molecular surface based on improved Marching Tetrahedra algorithm [J]. J. Mol. Graphics Modell，2012，38：314-323.

[13] Scholes G D, Rumbles G. Excitons in nanoscale systems [J]. Nat. Mater，2006，5：683-696.

[14] Zhu X Y, Yang Q, Muntwiler M. Charge-transfer excitons at organic semiconductor surfaces and interfaces [J]. Acc. Chem. Res，2009，42：1779-1787.

[15] Swenberg M P C E. Electronic processes in organic crystals and polymers [M]. Oxford：Oxford University，1999.

[16] Kraner S, Scholz R, Plasser F, et al. Exciton size and binding energy limitations in one-dimensional organic materials [J]. J. Chem. Phys，2015，143：244905.

[17] Wannier G H. The structure of electronic excitation levels in insulating crystals [J]. Phys Rev，1937，52：191-197.

[18] Kraner S, Scholz R, Koerner C, et al. Design proposals for organic materials exhibiting a low

exciton binding energy ［J］. J. Phys. Chem. C, 2015, 119: 22820-22825.

［19］ Wright J D. Molecular Crystals ［M］. 2nd ed. Britain: Cambridge University, 1995.

［20］ Valenta I P J. Luminescence spectroscopy of superconductors. ［M］. England: Oxford University, 2012.

［21］ Puschnig P, Ambrosch-Draxl C. Excitons in organic semiconductors ［J］. CR. Phys, 2009, 10: 504-513.

［22］ Hummer K, Puschnig P, Sagmeister S, et al. Ab-initio study on the exciton binding energies in organic semiconductors ［J］. Mod. Phys. Lett. B, 2006, 20: 261-280.

［23］ Knupfer M. Exciton binding energies in organic semiconductors ［J］. Appl. Phys. A-Mater, 2003, 77: 623-626.

［24］ Zhang Y, Mascarenhas A. Scaling of exciton binding energy and virial theorem in semiconductor quantum wells and wires ［J］. Phys Rev B, 1999, 59: 2040-2044.

［25］ Kraner S, Prampolini G, Cuniberti G. Exciton binding energy in molecular triads ［J］. J. Phys. Chem. C, 2017, 121: 17088-17095.

［26］ Bredas J L. Mind the gap ［J］. Mater. Horizons, 2014, 1: 17-19.

［27］ Li H W, Guan Z Q, Cheng Y H, et al. On the study of exciton binding energy with direct charge generation in photovoltaic polymers ［J］. Adv. Electron. Mater, 2016, 2: 4040-4048.

［28］ Nayak P K. Exciton binding energy in small organic conjugated molecule ［J］. Synth. Met, 2013, 174: 42-45.

5 电荷分离、重组，载流子迁移率

5.1 电荷传输过程概述

电荷的光生即材料在光照下产生非局域化的自由电荷，在自然界与人类的生活、生产中都十分常见，如植物的光合作用、光电效应、传统的无机太阳能电池等。当材料中的电子受到一定频率的光子辐射后，可以从低能级跃迁到高能级，体系从稳定态变为激发态，如果此时具有适宜的热力学与动力学条件，体系就可以向有利方向弛豫，光催化反应便发生了。

在有机太阳能电池中，在给体（也可能是受体）受到光子激发后，首先形成电子-空穴对——激子，而要产生电流，必须克服激子结合能，使电子和空穴分离为离域的载荷子。由于有机物的介电常数低（一般为 2~4），在激发后电子与空穴距离短，要克服激子结合能，实现电荷的光生比无机物更加困难，能量损失更大。设计低能量损失、高效电流产生、高光电转换效率的有机太阳能电池，需要定量研究给-受体结构与电荷的光生效率间的关系。

将有机太阳能电池设计为给体/受体型，可以利用电子在给体与受体上的势能差来创造热力学条件，以促进电子与空穴的分离。而电荷光生的效率还需要从动力学上来研究，这也是本章所要讨论的内容。图 5-1 展示了单个给-受体对电荷转移的简化过程[1]。

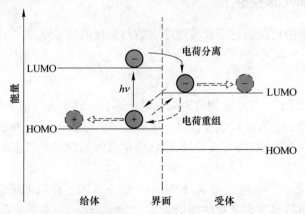

图 5-1 有机太阳能电池工作过程能级示意图（书后有彩图）

给受体在光子作用下发生电子跃迁，形成离域的载荷子可简单概括为以下过程[2~6]：首先，给体（多数情况为给体）吸收一个光子，电子从 HOMO 能级跃迁到 LUMO 能级，同时在 HOMO 能级留下一个空穴，形成激子。激子在充分弛豫后迁移到给体与受体的界面，在给体与受体电势差的驱动下，电子从给体的 LUMO 能级跃迁到受体的 LUMO 能级，而空穴留在给体上，这个过程称为电荷分离也称激子分离，在电极电势的作用下，电子和空穴分别移向两极。但是，由于给体与受体的距离很近，在电荷分离后电子与空穴间仍有很强的库仑力，且受体的 LUMO 与给体的 HOMO 存在势能差，电子也可能回到给体的 HOMO 能级，与空穴重新结合，体系又回到基态，这个过程称为电荷复合。显然，要提高光电转换效率，必须在提高电荷分离速率的同时减小电荷复合速率。

在实现给体与受体界面的电荷分离后，要产生稳定电流，电子与空穴还需要定向迁移至阴极与阳极。其中给体与给体间为空穴传输；受体与受体间为电子传输。与金属或无机半导体中的自由电子传输不同的是，在有机太阳能电池中的电子或空穴传输需要克服更大的空间位阻，其传输效率很大程度上取决于给体与受体分子的结构和分子堆积方式[7,8]。π-π 堆积、分子间距、势垒高低及缺陷浓度等都是决定电荷传输效率的因素[7,9,10]。因此，在设计高效有机太阳能电池时不仅仅要寻找具有优良性质的给受体材料，还要控制制备方法，以实现光电转换效率的最大化。理论研究电荷产生与传输过程可以为设计性质优良的给受体分子以及实验制备有机太阳能电池器件提供依据。

当前已经发展出了许多理论研究电荷传输速率的方法[3,6,11~13]，本章主要介绍 Marcus 理论以及基于其发展的新理论。

5.2　Marcus 理论

5.2.1　经典 Marcus 理论

在普通化学中已经讲述了反应速率常数与温度的定量关系式——阿仑尼乌斯公式：

$$k = A e^{\frac{-\Delta G^*}{k_B T}}\tag{5-1}$$

式中，A 为指前因子，与反应物的距离、电子耦合；ΔG^* 为反应需要克服的能垒，即反应的活化能；k_B 为玻耳兹曼常数。图 5-2 中的纵轴为体系的总能量，横轴为反应坐标，包含反应物的键角、键长、偶极矩及溶剂的极化状态等所有影响体系能量的因素。

Marcus 理论[11,12]是最早由 R. A. Marcus 建立，用于计算如反应式 5-2 所示的给体与受体电荷转移速率常数的理论。

$$D + A \xrightarrow{k_{et}} D^+ + A^-\tag{5-2}$$

上述反应没有化学键的断裂和产生，只是给体（D）的一个电子转移到受体

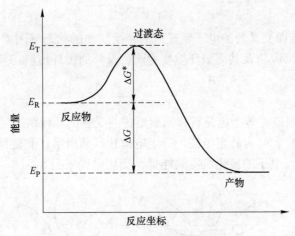

图 5-2　化学反应的势能面曲线

（A），最终给体由中性变为带正电荷，受体由中性变为带负电荷（这里给体和受体也可能是离子）。

Marcus 理论认为，反应物和产物的势能面曲线可以近似为两条形状相同的抛物线（注意实际势能面是 $3N$ 维的，N 指体系内原子数目，而势能面曲线只是为了便于研究而取的一个截面），并由这两条势能面曲线的几何关系给出了计算电荷跃迁反应的能垒的公式。如图 5-3 所示，由于反应物与溶剂原子核处于不断振动中，因此能量会不断起伏，实际势能面曲线形状更接近于虚线所示。假设反应态的势能面曲线方程为 $y = x^2$，产物态的方程为

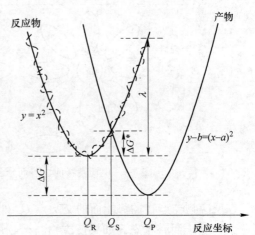

图 5-3　电荷转移过程的势能面曲线

$y - b = (x - a)^2$，可以求得两抛物线的交点的 Q_S 处有：

$$y = \frac{(b + a^2)^2}{4a^2} \tag{5-3}$$

由图可知 $a^2 = \lambda$，$b = \Delta G$，代入式 5-3 可得

$$\Delta G^* = \frac{(\lambda + \Delta G)^2}{4\lambda} \tag{5-4}$$

将式 5-4 代入式 5-1 即得到 Marcus 理论的经典速率表达式：

$$k_{et} = Ae^{-\frac{(\lambda+\Delta G)^2}{4\lambda k_B T}} \tag{5-5}$$

式中，A 为与势能面交叉处的电子跃迁概率、反应物的状态等因素有关的因子；λ 为重组能，是将反应物及其周围环境变为产物及其周围环境所需要的能量，由两部分组成：

$$\lambda = \lambda_i + \lambda_o \tag{5-6}$$

式中，λ_i 为内重组能，等于电荷转移前后给体与受体的几何结构（振动模式）变化引起的能量改变；λ_o 为外重组能，等于电荷转移前后给体和受体周围环境分子的原子核的弛豫与电子的极化所需的能量，变化过程见图 5-4。

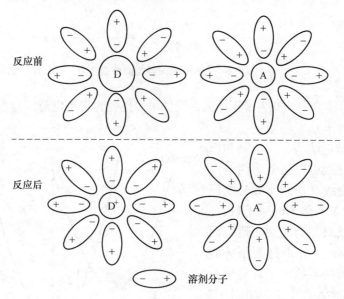

图 5-4   电荷转移前后溶剂分子的极化方式示意图

在反应物与产物的势能面的交叉点 Q_S 处，反应物与产物的原子核（包括溶剂分子）处于同一状态，如果反应物与产物的电子耦合（electronic coupling）较强（关于较弱的情况，本书后面会讨论），则势能面在 Q_S 处会分裂为上下两个部分（其下半部分如图 5-2 所示），这时电子跃迁过程沿下半部分进行。在反应物与产物势能面交界处的状态称为过渡态。在电子发生跃迁之前，反应物的几何结构以及溶剂的状态都必须通过振动达到过渡态。根据 Franck-Condon 原理，电子的跃迁速度远大于原子核的振动速度，故认为在 Q_S 只发生电子跃迁，而原子核的动能与势能均保持恒定，即电子与原子核相互独立，因此反应是绝热的。在电子完成跃迁之后，原子核和溶剂分子继续向产物的稳定状态 Q_P 弛豫。

从式 5-5 可以看出，电子跃迁速率常数与重组能 λ 及反应物与产物的吉布斯自由能差 ΔG 直接相关（注意 ΔG 一般为负值）。如图 5-5a 所示，当 $|\Delta G| = \lambda$ 时，

电子跃迁需克服的能垒 ΔG^* 为 0，产物为曲线 II；当 $|\Delta G| < \lambda$ 时，ΔG^* 随着 $|\Delta G|$ 增大而减小，因此速率常数逐渐增大，这个范围称为正常区，产物为曲线 I；$|\Delta G| > \lambda$ 时，随着 $|\Delta G|$ 的增大，ΔG^* 又逐渐增大，速率常数逐渐减小，这个范围称为 Marcus 反转区，产物为曲线 III。因此，速率常数与 ΔG 的关系如图 5-5b 所示。这种关系说明反应的动力学条件与热力学条件并非线性相关的，当反应的热力学条件过度适宜时，反应速率反而降低了。这也意味着在研究反应进程时，需要综合考虑各个参数。

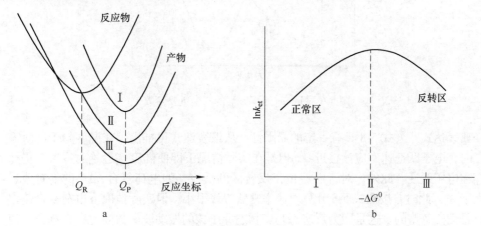

图 5-5　速率常数与 λ 、ΔG 的关系图[9,12]

5.2.2　半经典 Marcus 理论

如果图 5-3 的 Q_S 处的电子耦合很小[1,3,11,12]，势能面的分裂不明显，电子在该处发生跃迁的概率很小，当反应物与溶剂的原子核达到该点的状态时，电子也不一定会发生跃迁。甚至可能出现当原子核的状态超过 Q_S 点时，电子仍然保持反应物态，此时在 Q_S 附近电子振动与原子核的振动是相互关联的，即反应是非绝热的。在这种情况下速率常数需要引入量子方法计算，其表达式为[1,3]：

$$k_{et} = \frac{2\pi}{\hbar} H_{DA}^2 (FC) \tag{5-7}$$

式中，H_{DA} 为电子耦合，又称电子转移积分，是反应态与产物态哈密顿矩阵的非对角元素，其大小为分裂后的势能面上、下部分在交点处能量差值的二分之一（如图 5-6 所示）；FC 为态密度加权的 Franck-Condon 因子。

公式 5-7 取高温极限即得到半经典 Marcus 理论速率常数表达式[1~3,12,14]：

$$k_{et} = \frac{2\pi}{\hbar} H_{DA}^2 \frac{1}{\sqrt{4\pi\lambda k_B T}} \exp\left[-\frac{(\Delta G^0 + \lambda)^2}{4\lambda k_B T} \right] \tag{5-8}$$

这个公式用量子方法处理电子跃迁，而用经典方法处理原子核的振动，因此称为半

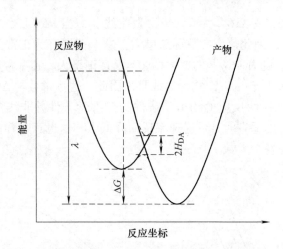

图 5-6   Marcus 速率方程的三个重要参数

经典表达式。公式 5-8 具有一定的局限性：从该表达式可推出，在温度趋于绝对零度时，电子跃迁速率应该接近 0，但是在实际情况下即使温度接近绝对零度，仍然存在电子跃迁。此外，对于一些位于反转区的反应，如电荷复合，ΔG 的绝对值远大于 λ，此时若按照式 5-8 计算，速率常数应该很小，但实际情况下电荷复合速率总是无法忽略的。这是因为反应态与产物态原子核的振动波函数间也存在耦合，使得反应不需要经过能垒而直接可从反应态转变为产物态，这称为原子核的隧道效应。对处于反转区或者绝对温度较低的情况，原子核的隧道效应会极大地促进电子跃迁，对于这种情况，需要对式 5-8 加入原子核振动的校正。

考虑核隧道效应后，式 5-8 变为[2,3,5,6,14]：

$$k_{et} = \frac{2\pi}{\hbar} H_{DA}^2 \frac{1}{\sqrt{4\pi\lambda_o k_B T}} \times \sum_n \frac{(S^{eff})^n}{n!} \exp(-S^{eff})$$

$$\exp\left\{-\frac{\left[\Delta G^0 + \lambda_o + n\hbar(\omega^{eff})\right]^2}{4\lambda_o k_B T}\right\} \tag{5-9}$$

这个公式称为 Marcus-Levich-Jortner（M-L-J）公式。式中，S 为 Hung-Rhys 因子，$S^{eff} = \sum_j S_j$，反映了电子与原子核振动（声子）的耦合程度，这里 S_j 是第 j 个振动模式的 Hung-Rhys 因子，$S_j = \lambda_j / \hbar\omega_j$，它反映了该振动模式对电子跃迁概率的贡献度。这里 n 指所有可能的振动模式，λ_j 为频率 ω_j 的振动模式所贡献的内重组能。ω^{eff} 为有效谐振频率，即 $\hbar\omega = h\nu$。求和符号表示对所有振动模式求和，但在计算时一般在有限位如 $n = 50$ 便可得到较准确的结果。对于较小的体系，一般通过分别计算反应态与产物态的频率，从而获得 ω_j 及对应的 λ_j，再计算 S_j，进而计算 S^{eff} 与 ω^{eff}，代入上式即可；对于较大的体系，可以分别计算反应物分子的频率，找到贡献最大的频率近似作为 ω^{eff}，再由 $S^{eff} = \lambda_i / \hbar\omega^{eff}$ 求出 S^{eff}。以上公式限于篇幅，此处不做推导，读者如有兴趣可参看参考文献［15～18］。

5.3 电荷分离与电荷复合速率重要参数计算

一般来说，根据半经典 Marcus 表达式 5-8，电子跃迁的速率常数主要取决于反应物与产物的吉布斯自由能差、重组能和电子耦合。针对有机太阳能电池给体和受体的电荷分离与电荷复合过程，本节将简单介绍计算这三个参数的几种比较常用的方法。

5.3.1 吉布斯自由能差的计算

吉布斯自由能差的标准形式为 $\Delta G = \Delta H - T\Delta S$，但在本书所研究的反应中，熵的变化一般可以忽略[5,6]，而焓变则可以直接用体系的总能量来计算，故在实际计算中吉布斯自由能差由产物与反应物的总能量的差值来计算，其数值上等于反应前后体系总能量的改变。

由于直接计算 CT 态（D^+A^-）的结构与能量十分困难[2,14]，尤其是对于较大的体系，目前还没有合适的理论。因此，常用单体来近似计算。电荷复合过程与受体的电子亲和势 $EA(A)$ 和给体的电离势 $IP(D)$ 直接相关，而根据 Koopman 定理，电离势与电子亲和势在计算模拟中可以用 HOMO 与 LUMO 能量来近似计算。对于电荷复合有[6,19]

$$\Delta G_{\text{CR}} = E_{IP(D)} - E_{EA(A)} \tag{5-10}$$

对于电荷分离，可用 Rehm-Weller 公式计算：

$$\Delta G_{\text{CS}} = -\Delta G_{\text{CR}} - \Delta E_{\text{s}} - E_{\text{b}} \tag{5-11}$$

式中，ΔE_{s} 为给体的第一个激发态能量，即电子激发所吸收的能量；E_{b} 为激子结合能。

除上述方法外，还可以用给、受体的单体能量与库仑电势能的改变量来计算[5,6,20]：

$$\Delta G_{\text{CS}} = (E^{\text{D}^+} + E^{\text{A}^-}) - (E^{\text{D}^*} + E^{\text{A}}) + \Delta E_{\text{coul,CS}} \tag{5-12}$$

$$\Delta G_{\text{CR}} = (E^{\text{D}} + E^{\text{A}}) - (E^{\text{D}^+} + E^{\text{A}^-}) + \Delta E_{\text{coul,CR}} \tag{5-13}$$

式中，ΔE_{coul} 是反应前后的库仑电势能的改变量，定义为

$$\Delta E_{\text{coul,CS}} = \sum_{\text{D}^+}\sum_{\text{A}^-} \frac{q_{\text{D}^+}q_{\text{A}^-}}{4\pi\varepsilon_0\varepsilon_{\text{s}}r_{\text{D}^+\text{A}^-}} - \sum_{\text{D}^*}\sum_{\text{A}} \frac{q_{\text{D}^*}q_{\text{A}}}{4\pi\varepsilon_0\varepsilon_{\text{s}}r_{\text{D}^*\text{A}}} \tag{5-14}$$

$$\Delta E_{\text{coul,CR}} = \sum_{\text{D}}\sum_{\text{A}} \frac{q_{\text{D}}q_{\text{A}}}{4\pi\varepsilon_0\varepsilon_{\text{s}}r_{\text{DA}}} - \sum_{\text{D}^+}\sum_{\text{A}^-} \frac{q_{\text{D}^+}q_{\text{A}^-}}{4\pi\varepsilon_0\varepsilon_{\text{s}}r_{\text{D}^+\text{A}^-}} \tag{5-15}$$

式中，q 为单个原子的电荷量；r 为原子间距；ε_0 为真空介电常数；ε_{s} 为溶剂的介电常数。

单体计算的优点是计算量小。但是在真实情况下，双体的总能量以及电荷分布会由于给体与受体的分子轨道的相互作用而改变，因此无法准确计算。除了以

上两种方法外，还可以尝试直接计算 D^*A（本地激发态）、D^+A^-（电荷跃迁激发态）及 DA 基态能量的最小值[2]，从而根据图 5-7 直接计算，将在 5.4 节中介绍这种方法。

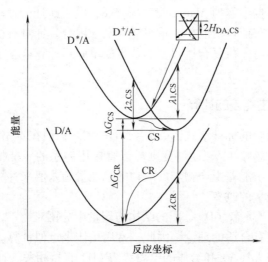

图 5-7　电荷分离和电荷复合势能面曲线示意图（书后有彩图）

5.3.2　内重组能的计算

内重组能是给体与受体的几何结构（振动模式）由反应态变为产物态所需要的能量。线性谐振子的势能表达式为

$$U = \frac{1}{2} m \omega^2 x^2 \tag{5-16}$$

在平衡位置附近可以将两原子看成是线性谐振子，那么内重组能即反应态和产物态的振动模式改变而造成的能量变化，可以由式 5-17 计算[1,3,7,9]：

$$\lambda_i = \frac{1}{2} \sum_j \omega_j^2 (\Delta Q_j)^2 \tag{5-17}$$

式中，ω_j 为第 j 个正则模式的谐振频率；ΔQ_j 为初态与末态的正则坐标的改变量。通过矩阵变换可以将质量加权的笛卡尔坐标变换为描写振动状态的正则坐标。上述参数可以由反应物与产物的频率计算得到。如果知道每一个正则模式的 Hung-Rhys 因子，由式 5-9 可以看出，还可以由[2,14]

$$\lambda_i = \sum_j S_j \hbar \omega_j \tag{5-18}$$

求得内重组能。

此外，还可以通过计算能量来直接求得内重组能。对于电荷分离过程[6]：

$$\lambda_{i,CS} = [E(A^-) - E(A)] + [E(D^+) - E(D)] \tag{5-19}$$

式中，$E(A^-)$ 为受体负离子几何结构下的中性态能量；$E(A)$ 为受体的中性分子的能量最小值；$E(D^+)$ 为给体正离子几何结构下的中性态能量；$E(D)$ 为给体基态能量的最小值（为了更加精确计算，给体的能量与几何结构应该使用激发态优化得到的给体本地激发态能量最小值点的能量与几何结构）。容易看出这个公式的第一项为受体的贡献，第二项为给体的贡献。但是，这个式子只考虑了 D^*A 本地激发态的势能面曲线上的内重组能，认为 D^*A 态与 D^+A^- 电子跃迁激发态的势能面曲线形状相同，因此给体与受体的能量变化均只有一个值。但是实际情况下这两条势能面曲线的曲率往往不同，如图 5-7 中的 $\lambda_{1,cs} = \lambda_{i1,cs} + \lambda_o$，$\lambda_{2,cs} = \lambda_{i2,cs} + \lambda_o$。（注意电荷复合过程内重组能也由两部分组成，图中为突出电荷跃迁没有给出）。这里的 λ_{i1} 为给体与受体在反应态的电子分布下，原子核的结构由反应物态变化到产物态所需的能量；λ_{i2} 为给体与受体在产物态电子分布下，原子核的结构由产物态变化到反应物态所需的能量。图 5-8 中，在电子跃迁前后，给体经过程 I 由不带电变为带正电，然后弛豫到能量最低点；受体经过程 I 从不带电变为带负电，然后弛豫到能量最低点。这个过程也可以看作是给体与受体的几何结构先通过振动从不带电的能量最低点几何结构振动到带电的能量最低点的几何结构，然后电子再发生跃迁，即过程 II。从 5.2 节的介绍已经知道，在实际情况下，给体和受体先通过振动到达过渡态的几何结构，再发生电子跃迁，然后继续弛豫到能量最低点，是上述两种情况的折中。因此，一般的做法是取它们的算术平均。式 5-19 可以改进为[5,6,20]

$$\lambda_i = \frac{\lambda_{i1} + \lambda_{i2}}{2} \tag{5-20}$$

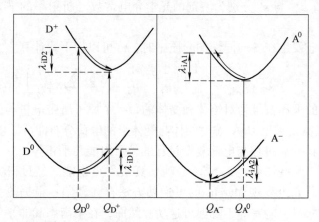

图 5-8 单体模型的内重组能计算：势能面曲线示意图[6]（书后有彩图）

对于电荷分离过程有：

$$\lambda_{i1,cs} = [E^{D^*}(Q_P) + E^A(Q_P)] - [E^{D^*}(Q_R) + E^A(Q_R)] \tag{5-21}$$

$$\lambda_{i2,CS} = [E^{D^+}(Q_R) + E^{A^-}(Q_R)] - [E^{D^+}(Q_P) + E^{A^-}(Q_P)] \tag{5-22}$$

这里 Q_R（R：反应物）为反应态的几何结构，如式 5-21 的 Q_R 即给体的第一激发态的能量最小值点的几何结构与受体的基态能量最小值点结构；Q_P（P：产物）为产物态的几何结构。电荷复合过程的重组能计算方法相同，只需要将产物态与反应物态改变即可，这里不再赘述。

单体近似计算内重组能，虽然计算量小，但是忽略了给体和受体相互靠近时的相互作用。在电子跃迁后，给体带正电而受体带负电，正负电荷间的库仑作用会促使给受体进一步形变，这使得内重组能的实际值相比基于单体计算的结果更大，也就是说单体近似计算会低估内重组能。

5.3.3　外重组能的计算

根据 Franck-Condon 原理，在给体与受体发生电子跃迁后，溶剂分子的电子极化方式可以迅速转变，而原子核的取向极化却只能缓慢弛豫，因此在电子跃迁刚刚完成后的状态为非平衡态。在原子核的取向缓慢变化的过程中，体系由非平衡态向平衡态转变。因此外重组能可以定义为相同的溶质电荷分布下非平衡态与平衡态之间的溶剂化自由能之差[21]。Marcus 结合连续介质模型，采用从平衡态到非平衡态的等温可逆功积分来得到两个态的自由能差，给出了外重组能的计算公式[11,12]：

$$\lambda_o = \frac{(\Delta q)^2}{8\pi\varepsilon_0}\left(\frac{1}{\varepsilon_{opt}} - \frac{1}{\varepsilon_s}\right)\left(\frac{1}{R_D} + \frac{1}{R_A} - \frac{2}{r_{DA}}\right) \tag{5-23}$$

式中，Δq 为转移的电荷量；R_D，R_A 分别为给体与受体的有效半径；r_{DA} 为给体与受体的中心距离；ε_{opt} 与 ε_s 分别为溶剂的光学介电常数（折射率的平方）与静止介电常数。

当电子跃迁发生在各向同性的介质中时，λ_o 可以用下式计算[5,6,20]：

$$\lambda_o = \frac{1}{8\pi\varepsilon_0}\left(\frac{1}{\varepsilon_{opt}} - \frac{1}{\varepsilon_s}\right)\left(\frac{1}{R_D} + \frac{1}{R_A} - 2\sum_D\sum_A\frac{q_D q_A}{r_{DA}}\right) \tag{5-24}$$

其中第三项中的求和符号为对给体和受体的每一个原子所带电量与间距求和。用式 5-24 计算只需要求出 D^+A^- 态时给体与受体上的电荷分布即可。由式 5-23 和式 5-24 可见，电荷分离过程与电荷复合过程的外重组能几乎相等。

然而，对于某些体系，式 5-24 会高估真实外重组能。经过研究，四川大学李象远教授的研究组发现 Marcus 的可逆功方法存在缺陷：根据热力学原理，两个热力学状态的自由能差等于等温可逆功。然而，在平衡态和非平衡态之间，不可能找到一条可逆途径，因此不可能通过电功积分的方法得到自由能差。结合 Leontovich 等提出的约束平衡方法，他们给出了外重组能的校正公式[21]：

$$\lambda_o = \frac{(\Delta q)^2}{8\pi\varepsilon_0}\left(\frac{1}{\varepsilon_{opt}} - \frac{1}{\varepsilon_s}\right)^2\frac{\varepsilon_s}{\varepsilon_s - 1}\left(\frac{1}{R_D} + \frac{1}{R_A} - \frac{2}{r_{DA}}\right) \tag{5-25}$$

这个公式在式 5-24 的结果上乘上了一个因子 f_L：

$$\lambda_o(L) = f_L \lambda_o(M), \quad f_L = \left(\frac{1}{\varepsilon_{opt}} - \frac{1}{\varepsilon_s}\right)\frac{\varepsilon_s}{\varepsilon_s - 1} \tag{5-26}$$

对于强极性溶剂，其静介电常数 ε_s 远大于光介电常数 ε_{opt} ，这时 $f_L \approx 1/\varepsilon_{opt} \approx 0.5$ ，这从理论上解决了 Marcus 理论高估溶剂重组能的问题。

5.3.4 电子耦合的计算

电子耦合又称电子转移积分。它表征了给体与受体的分子轨道的重叠程度，电子耦合越大，电子跃迁的概率越大。其表达式为[3,9,13,22,23]

$$H_{DA} = \frac{H_{if} - \frac{1}{2}(H_{ii} + H_{ff})S_{if}}{1 - S_{if}^2} \tag{5-27}$$

式中，H_{DA} 为电子耦合；H_{if} 为反应态与产物态的两态哈密顿矩阵的非对角阵元，$H_{if} = \langle \Psi_i | \hat{H} | \Psi_f \rangle$；$\Psi_i$、$\Psi_f$ 分别为反应态与产物态的波函数；$\hat{H}$ 为哈密顿算符；$H_{ii,ff}$ 为对角阵元，即初态与始态的能量值；$S_{if} = \langle \Psi_i | \Psi_f \rangle$，表示了反应态与产物态的重叠程度。可以看出，当 S_{if} 为 0，即反应态与产物态的重叠度为 0 时，$H_{DA} = H_{if}$。

可以看出用式 5-27 计算需要知道反应态与产物态的波函数，其计算精度取决于所用理论方法的精度。在计算时可以采用一些近似手段来节约计算成本，如对于电荷分离过程，如图 5-1 所示，整个过程主要与给体的 LUMO 轨道与受体的 LUMO 轨道有关，可以认为只有给体的 LUMO 轨道与受体的 LUMO 发生了改变，而其余轨道保持不变。由波函数的归一性，其余轨道的内积为 1，故[3,5]：

$$H_{if,CS} = \langle \psi_{LUMO}^D | \hat{F} | \psi_{LUMO}^A \rangle \tag{5-28}$$

同样，对于电荷复合：

$$H_{if,CR} = \langle \psi_{LUMO}^A | \hat{F} | \psi_{HOMO}^D \rangle \tag{5-29}$$

这里 $\hat{F}$ 为 Fock 算符。对于其他分子轨道间的电子跃迁，如给体的 LUMO+1 到受体的 LUMO，同样可以用上面两个式子计算，只需要将式 5-28 的 ψ_{LUMO}^D 改为 ψ_{LUMO+1}^D 即可。

此外电子耦合还可以用广义 Mulliken-Hush（GMH）方法[3,22,23]和部分电荷差异法（FCD）[3,5,20,22]来计算。

GMH 方法：

$$H_{12} = \frac{\Delta E_{12} | \mu_{12} |}{\sqrt{(\mu_1 - \mu_2)^2 + 4\mu_{12}^2}} \tag{5-30}$$

式中，H_{12} 为激发态 1 与激发态 2 之间的电子耦合；ΔE_{12} 为初态与末态的能量差，对于电荷分离过程，即 D^*A 态与 D^+A^- 态，对于电荷复合过程则为 D^+A^- 态与基态；μ_1、μ_2 为初态和末态的固有偶极矩；μ_{12} 为初态与末态的跃迁偶极矩。

FCD 方法：

$$H_{12} = \frac{\Delta E_{12} \mid \Delta \bar{q}_{12} \mid}{\sqrt{(\Delta q_1 - \Delta q_2)^2 + 4\Delta q_{12}^2}} \tag{5-31}$$

其中：

$$\Delta q_{mn} = \int_{r \in D} \rho_{mn}(r)\,\mathrm{d}r - \int_{r \in A} \rho_{mn}(r)\,\mathrm{d}r \tag{5-32}$$

$$\Delta \bar{q}_{mn} = \frac{\Delta q_{mn} + \Delta q_{nm}}{2} \tag{5-33}$$

式中，Δq_{mm} 为电荷密度矩阵的对角项，表示 m 态给体和受体电荷量的差值；Δq_{mn} 为非对角项；Δq 为转移的电荷量；ρ_{mn} 为密度算符在电子 m 态和 n 态间作用的矩阵元素。

GMH 方法与 FCD 方法都可以在理论计算程序包 *Q-Chem* 中直接实现，在下一节中将展示计算实例。

5.4　电荷分离与电荷复合速率计算实例

本节将具体介绍以亚酞菁（SubPC）为给体，C70 为受体的混合异质结太阳能电池中，给受体界面形貌对电荷分离速率与电荷复合速率的影响的理论研究过程。

5.4.1　研究背景

SubPC/C70 太阳能电池自问世以来受到许多研究者的关注[24~28]。这是因为 SubPC 独特的三维锥形结构与 C70 的椭球形结构可以很好地匹配，能够实现较大的 π-π 堆积，并且 SubPC[29~32] 与 C70 均具有优良的光电性质，因此这应该是一种很有潜力的给受体搭配。然而，目前所报道的单节 SubPC/C70 太阳能电池的光电转换效率最高为 5.4%[27]，远低于第 2 章提到的基于非富勒烯受体的有机太阳能电池的最高光电转换效率，距离商业化标准相差更远。因此，作者希望通过研究不同界面形貌来找到提高 SubPC/C70 太阳能电池效率的有效途径。作者之前的研究发现，SubPC 与 C70 在界面处的不同取向对于太阳能电池的 V_{oc}、吸收光谱等性质具有明显的影响[24]。本项工作继续研究给受体分子取向对其电流性质的影响，从而尝试找到提高 SubPC/C70 太阳能电池光电转换效率的有效途径。

5.4.2　计算细节

由于 SubPC 与 C70 独特的三维结构，在太阳能电池薄膜的给受体界面处会有许多种相对位置，加之 C70 具有椭球型结构，又会产生不同取向。因此，首先对可能的 SubPC/C70 双体构型建模、结构优化，并计算了每种构型的结合能。最终，将它们归纳为六种构型，如图 5-9 所示。为了简化计算，所有的计算都是在真空条件下进行的，即不考虑溶剂效应，并忽略外重组能。在确定了研究对象之后，使用式 5-8 计算这六种构型的电荷分离速率常数与电荷复合速率常数（为了方便起见，之后直接使用"速率"代替"速率常数"）。之前的研究显示含色散校正的长程校正泛函 ωB97XD 能够很好地模拟所研究的体系[33]，并且这个泛函也能比较准确地计算电子跃迁激发态，故双体的所有计算都使用 ωB97XD。为了在保证计算精度的情况下节约机时，所有的计算都使用 6-31G* 基组。此外，使用 B3LYP 计算 SubPC 与 C70 单体分子。所有的计算都是在 *Q-Chem* 4.3[34,35] 模拟计算程序包中进行的。使用含时密度泛函 TDDFT 计算激发态。

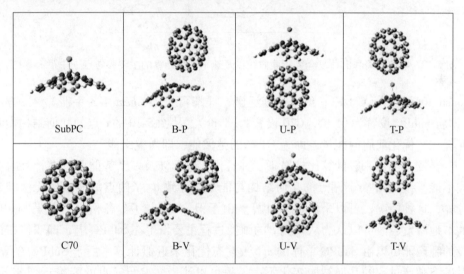

图 5-9　SubPC、C70 单体及六种双体构型

　　图 5-10 展示了电荷分离与电荷复合过程的主要计算数据点。其中 g 表示基态能量最低点；a、b 分别表示从基态垂直激发到 π^* 给体本地激发态与 CT 态；c、e 分别表示 π^* 激发态与 CT 态弛豫后的能量最低点；d 表示在 c 点几何结构下的 CT 态；f 点为 e 点几何结构下的基态。只需要计算出上述各点的能量值，结合电子耦合的计算，就可以求出电荷分离速率和电荷复合速率。

　　在激发态计算的基础上，使用 FCD 方法（见 5.3 节）计算每个电子态之间的绝热电子耦合。考虑到单体近似算法的局限性，尝试使用双体近似算法来计算吉布斯自由能差，从图 5-10 可以看出，ΔG_{CS} 就等于 e 点与 c 点的能量差，而 ΔG_{CR} 就等于 g 点与 e 点的能量差。因此，只要求得这三个点的能量，便可以算出电荷跃迁和复合前后吉布斯自由能差。为了比较单体近似算法（式 5-21、式 5-22）与双体算法的区别，分别使用了这两种算法计算。对于双体算法，使用

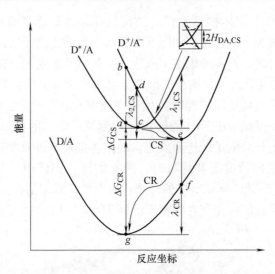

图 5-10　电荷分离和电荷复合势能面曲线以及速率常数计算的主要参考点（书后有彩图）

constrained-DFT（C-DFT，约束密度泛函，详情可见 *Q-Chem* 4.3 手册）[36,37]方法（即将 SubPC 设置为+1 价，C70 设置为−1 价），从图 5-10 的 *c* 点的几何结构做几何优化，优化前后的能量差即为 CT 态的弛豫能，即内重组能。

　　激发态优化一般计算比较昂贵，并且优化过程涉及多个势能面，在计算时可能不能直接找到 *c*、*e* 两点的几何结构与能量，导致 *d*、*f* 两点的能量也无法准确计算，这种情况，可以采用近似计算。由于 D*A 态与 DA 态相比主要是 SubPC 的本地激发，故可以认为从 *a* 到 *c* 的弛豫过程主要发生在 SubPC 上，即双体在该段的弛豫能可以由 SubPC 单体的 π^* 激发态优化来近似计算。由于 SubPC 在 π^* 激发态弛豫过程的几何结构变化不大，故可以认为 *b* 点与 *d* 点的能量近似相等，用 *b* 点的能量来近似代替 *d* 点的能量。需要注意的是，此处并没有直接使用 C-DFT优化后的能量作为 *e* 点的能量，而是选择使用更加准确的由 TDDFT 计算得到的 *b* 点的能量减去 CT 态的弛豫能。由于分别使用了单体近似和双体算法（C-DFT)计算内重组能，故 CT 态的弛豫能也有两个结果：第一种是用式 5-22 计算得到（即 $\lambda_{i2,\text{CS}}$）；第二种是由 CDFT 优化得到（即双体算法得到的内重组能）。*f* 点的能量由 C-DFT 优化得到的结构（近似为 *e* 点的结构）计算基态单点能得到。显然，*g* 点就是基态几何结构优化所得到的能量最低点。

　　对于 SupPC/C70，电子跃迁除了可以发生在图 5-1 所示的从给体的 LUMO 能级到受体的 LUMO 能级外，还可以发生在其他能级之间，如从给体的 LUMO+1 到受体的 LUMO+1 能级。但是其过程都几乎相同：电子从给体的 HOMO 激发到 LUMO 或者 LUMO+1 能级，然后再由给体的 LUMO 或 LUMO+1 能级跃迁到受体的 LUMO 或 LUMO+1 能级。因此，为了全面考虑，计算了包括电子从给体 SubPC

的 LUMO 或 LUMO+1 跃迁到受体 C70 的 LUMO 或 LUMO+1 的四个过程的电荷分离速率与电荷复合速率。

5.4.3 结果与讨论

图 5-9 展示了 SubPC 与 C70 分子和优化后得到的六种双体的图像，其中 B（bed）表示 C70 位于 SubPC 的"腰"上；U（umbrella）表示 SubPC 将 C70 罩住；T（top）表示 C70 位于 SubPC 的最顶部；V（vertical）表示 C70 的长轴与 SubPC 的 B—Cl 键大致垂直；P（parallel）表示 C70 的长轴与 SubPC 的 B—Cl 键大致平行。

在计算电子跃迁速率前，先考虑这些双体的结合程度。用单体的总能量减去双体的能量分别计算了六种构型的结合能，如图 5-11a 所示。并用最短原子距离与几何中心距离的平均值计算了电子跃迁距离，如图 5-11b 所示，便于研究构型对影响电子跃迁速率的影响机制。通过比较图 5-11a 和 b 可以发现结合能与 SubPC 和 C70 间的距离具有明显关联。大致上来看，距离越大，结合能越低，说明构型的稳定性越差。发现 U 构型是最稳定的构型，而 T 构型的稳定性最差，稳定性的顺序为 U>B>T，这种稳定性的趋势可以归因于不同构型 SubPC 与 C70 偶极矩之间的作用程度不同。而对于 C70 的取向，P 取向与 V 取向的稳定性没有明显的趋势，相差小于 7kJ/mol。

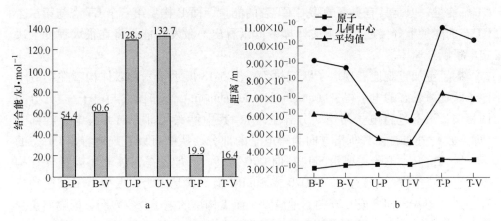

图 5-11　SubPC/C70 结合能与电荷传输距离

使用 TDDFT 分别计算了 SubPC 与六种双体构型的激发态。并且找到与上述四个过程相关的四个激发态，图 5-12 列出了 SubPC 与六种构型的四个激发态的能量值，其中正三角形为前两个强激发态（主要是由 SubPC 的 HOMO 到 LUMO 和 HOMO 到 LUMO+1 贡献）；倒三角形为前两个 CT 态（主要由 SubPC 的 HOMO 到 C70 的 LUMO 与 LUMO+1 贡献）。

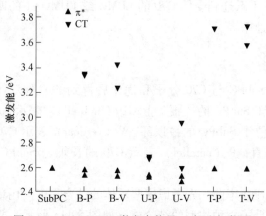

图 5-12　SubPC/C70 激发态能量（书后有彩图）

从图 5-12 中可以发现，无论是 π^* 激发态还是 CT 态，其能量的趋势都与图 5-11 中的结合能与电荷跃迁距离的趋势大致相同。从图 5-9 不难看出，U 构型与 C70 具有最大的接触面积，而 P 构型的 C70 只与 SubPC 的氯原子有接触，说明 U 构型中 SubPC 与 C70 的 π-π 相互作用最强，加之给体与受体的距离越近，电子越容易跃迁，这可以解释 B、U、P 三种构型结合能与激发态能量的趋势。此外，还可以看出 P 取向与 V 取向的 CT 态能量也有明显区别：V 取向具有更低的第一 CT 态能量，但是具有更高的第二 CT 态的能量，而 P 构型第一个 CT 态与第二个 CT 态的能量十分接近。在下文计算中可以看出，激发态能量将在很大程度上决定电子跃迁速率。

为了更加直观地展现电子跃迁过程，图 5-13 展示了六种双体构型在第一个电子跃迁激发态的电子得失（attachment-detachment）分布图（与电子-空穴分布图相仿，只不过将电子与空穴分开呈现），其中箭头尾部方向为失电子的部分（即空穴）分布，箭头所指方向为得电子的部分。从中可以直观地看出 CT 态的电子转移情况，电子主要由 SubPC 向 C70 跃迁。有趣的是，对于 B 构型与 U 构型，电子或空穴并不完全位于 C70 或 SubPC 上，这是因为在发生电子跃迁的过程中还伴随着 SubPc 或 C70 的本地激发。而 T 构型的电子与空穴明显地隔离在受体和给体上，这也侧面反映了 T 构型中 SubPC 与 C70 的相互作用程度最弱。

在激发态计算的结果上，使用 5.3.4 节介绍的 FCD 方法分别计算了六种构型电荷分离和电荷复合过程的电子耦合。从表 5-1 中可以发现，对于 B 构型与 U 构型，电子耦合较强；就 SubPC 的 LUMO 与 C70 的 LUMO 之间来看，B 构型的电子耦合远大于其他几种构型，而对于 SubPC 的 LUMO 与 C70 的 LUMO+1，B 构型却低于 U 构型。但无论哪个过程，T 构型的电子耦合总是最小的，这是因为 T 构型中 SubPC 与 C70 的作用非常弱。电子耦合的趋势不像上面所计算的结合能与

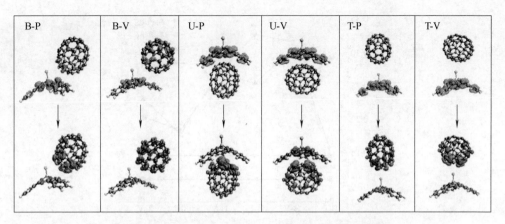

图 5-13 Attachment-detachment 分布图（书后有彩图）

激发态能量这样明显，这是因为电子耦合与分子轨道的形貌和对称性直接相联系，而分子轨道又是多种多样的。从式 5-8、式 5-9 可以看出，电子耦合越大，其电子跃迁速率越大。因此电荷分离过程的电子耦合大是有利的，相反的是，大的电子耦合会加速电荷复合过程，因此需要综合考虑。

表 5-1 TDDFT-FCD 计算得到的电子耦合的绝对值 （meV）

项目	激发态	B-P	B-V	U-P	U-V	T-P	T-V
电荷跃迁	LUMO→LUMO	152. 36	205. 34	14. 36	47. 37	11. 20	0. 07
	LUMO→LUMO$_{+1}$	19. 92	8. 19	38. 59	69. 45	1. 59	0. 60
	LUMO$_{+1}$→LUMO	2. 61	16. 30	7. 24	3. 12	2. 24	3. 52
	LUMO$_{+1}$→LUMO$_{+1}$	39. 59	5. 66	15. 13	7. 55	11. 49	4. 96
电荷复合	LUMO→HOMO	176. 24	250. 09	30. 73	100. 75	0. 11	0. 07
	LUMO$_{+1}$→HOMO	23. 58	1. 08	57. 65	131. 04	0. 10	0. 06

使用单体模型和双体（C-DFT 计算）模型，分别得到了六种构型的电荷分离和电荷复合过程的内重组能。从图 5-14 可以看出，对于电荷分离与电荷复合过程，单体近似模型计算得到的内重组能，其结果均小于双体算法的结果，这与预期相一致。显然，六种构型单体近似计算结果不变，而用双体计算后发现对于电荷分离（CS，正三角形），其趋势为 B>U>T，其中 V 取向又大于 P 取向，而电荷复合过程除 U-P 构型外，其趋势与电荷分离基本相同。

基于激发态能量、激发态优化及内重组能（弛豫能）的计算，得到了六种构型四个电荷分离过程以及两个电荷复合过程的吉布斯自由能差。如前面所说，从热力学上看，反应要自发进行，吉布斯自由能差需要小于 0。从式 5-11 可以看出，电荷分离与电荷复合过程的吉布斯自由能差之和的绝对值约等于第一激发态

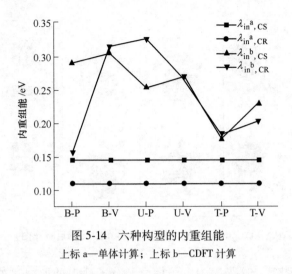

图 5-14　六种构型的内重组能

上标 a—单体计算；上标 b—CDFT 计算

能量与激子结合能之和。表 5-2 的结果显示，从绝对值来看，电荷分离过程的吉布斯自由能差远小于电荷复合过程。电荷复合过程的吉布斯自由能差的绝对值远大于内重组能，因此位于明显的"反转区"。

就电荷分离来看，只有 U 构型的 ΔG_{CS} 出现了负值，而 B 构型与 T 构型均远大于 1，说明从热力学上看这两种构型是不利于电荷分离的。需要注意的是，此处的计算没有考虑溶剂效应，在溶剂极化的作用下，CT 态的能量会明显降低，这意味着 ΔG_{CS} 也会出现明显降低，而 ΔG_{CR} 则会明显升高。

表 5-2　吉布斯自由能差　　　　　　　　　（eV）

项目	激发态	B-P	B-V	U-P	U-V	T-P	T-V
电荷分离	LUMO→LUMO[a]	0.726	0.636	0.074	0.026	1.052	0.926
	LUMO→LUMO[b]	0.582	0.478	−0.033	−0.097	1.023	0.843
	LUMO→LUMO$_{+1}$[a]	0.736	0.828	0.088	0.391	1.054	1.076
	LUMO→LUMO$_{+1}$[b]	0.592	0.670	−0.019	0.268	1.024	0.994
	LUMO$_{+1}$→LUMO[a]	0.684	0.590	0.061	−0.010	1.049	0.918
	LUMO$_{+1}$→LUMO[b]	0.540	0.432	−0.046	−0.133	1.019	0.835
	LUMO$_{+1}$→LUMO$_{+1}$[a]	0.695	0.782	0.075	0.355	1.050	1.068
	LUMO$_{+1}$→LUMO$_{+1}$[b]	0.551	0.624	−0.032	0.232	1.021	0.985
电荷复合	LUMO→HOMO[a]	−3.188	−3.086	−2.521	−2.442	−3.566	−3.434
	LUMO→HOMO[b]	−3.044	−2.928	−2.414	−2.319	−3.537	−3.352
	LUMO$_{+1}$→HOMO[a]	−3.198	−3.278	−2.535	−2.807	−3.567	−3.585
	LUMO$_{+1}$→HOMO[b]	−3.054	−3.120	−2.428	−2.684	−3.538	−3.502

注：上标 a 表示单体计算；上标 b 表示 CDFT 计算。

将上述结果代入式 5-8，求出了六种构型的电荷分离速率。由于电荷复合过程位于明显的反转区，电荷复合速率的结果几乎为 0，因此没有列出电荷复合速率。从表 5-3 可以看出，U 构型的电荷分离速率明显高于其余 B 构型与 T 构型，这主要取决于 U 构型具有适宜的 ΔG_{CS}，而 ΔG_{CS} 又取决于 CT 态与 π^* 激发态的能量差，U 构型具有最低的 CT 态能量。T 构型的电荷分离速率最低，因为 T 构型具有最高的 CT 态能量与最低的电子耦合。而从整体上看，P 取向与 V 取向的区别并不明显。还可以发现，单体近似计算得到的电荷分离速率均小于双体算法。从表 5-1 与表 5-2 可以看出，这主要是因为单体近似算法求得的弛豫能低于双体算法，导致 ΔG_{CS} 高于双体算法。

表 5-3　电荷分离速率常数　　　　　　　　　　　　　　　　（s^{-1}）

跃迁过程	B-P	B-V	U-P	U-V	T-P	T-V
LUMO→LUMO[a]	6.67×10^{-8}	2.59×10^{-3}	3.63×10^{11}	1.41×10^{13}	5.88×10^{-30}	6.28×10^{-26}
LUMO→LUMO[b]	6.06×10^{3}	4.02×10^{6}	1.07×10^{12}	2.51×10^{13}	9.59×10^{-23}	9.37×10^{-14}
LUMO→LUMO$_{+1}$[a]	3.46×10^{-10}	5.70×10^{-16}	1.72×10^{12}	8.43×10^{5}	9.87×10^{-32}	3.65×10^{-34}
LUMO→LUMO$_{+1}$[b]	5.62×10^{1}	1.32×10^{-1}	6.06×10^{12}	4.60×10^{9}	1.66×10^{-24}	2.72×10^{-18}
LUMO$_{+1}$→LUMO[a]	2.24×10^{-9}	1.86×10^{-3}	1.34×10^{11}	1.28×10^{11}	4.28×10^{-31}	4.97×10^{-22}
LUMO$_{+1}$→LUMO[b]	1.86×10^{1}	2.41×10^{5}	3.37×10^{11}	1.62×10^{11}	6.30×10^{-24}	4.83×10^{-10}
LUMO$_{+1}$→LUMO$_{+1}$[a]	1.60×10^{-7}	1.03×10^{-13}	3.92×10^{11}	1.22×10^{5}	9.39×10^{-30}	9.50×10^{-32}
LUMO$_{+1}$→LUMO$_{+1}$[b]	2.39×10^{3}	1.05×10^{0}	1.17×10^{12}	2.09×10^{8}	1.43×10^{-22}	4.33×10^{-16}

注：上标 a 代表单体；上标 b 代表双体 C-DFT。

5.4.4　总结

通过长程校正密度泛函 ωB97XD 和杂化密度泛函 B3LYP，结合 TDDFT 方法、C-DFT 方法、FCD 模型和 Marcus 理论的半经典公式，使用单体近似算法与双体算法，给出了计算六种 SubPC/C70 双体构型的结合能、几何参数、内重组能、电子耦合以及吉布斯自由能差的方法，进而计算了电荷分离速率、电荷复合速率。结果显示，在真空环境下，U 构型具有最高的电荷分离速率，而 B 构型与 T 构型几乎不可能发生电子跃迁，这意味着增加 U 构型的比例可能大幅度提升 SubPc/C70 太阳能电池的饱和电流密度与 PCE；当然，此处为示范计算，没有考虑溶剂效应，电荷复合速率均接近 0，加上电荷复合过程位于明显的 Marcus 反转区，核隧道效应会很大程度上协助电子跃迁，因此要获得更加准确的结果，还需要综合考虑溶剂效应与原子核隧道效应。

5.5　载流子迁移率及计算实例

5.5.1　载流子迁移率及其参数计算

有机太阳能电池的性能除了与给受体界面的电荷分离与电荷复合速率有关

外，还很大程度上取决于给/受体的载流子迁移率[4,7,10]。载流子迁移率是决定材料导电性的一个重要参数，表征了电子和空穴在材料中定向迁移的快慢，也可以理解为在单位外加电场强度下，电子和空穴在材料中的传输速率，通常以 $cm^2/(V \cdot s)$ 为单位。如果已知电荷传输速率，即给体的空穴传输速率和受体的电子传输速率，可以通过 Einstein-Smoluchowski 公式计算空穴迁移率与电子迁移率[7,13,38,39]：

$$\mu = \frac{eD}{k_B T} \tag{5-34}$$

式中，μ 为载流子迁移率；e 为电子电荷量；D 为扩散系数；k_B 为玻耳兹曼常数；T 为绝对温度。同时，μ 也可以定义为在外电场 E 的作用下，电荷扩散的速度 v 与电场强度 E 的比值：$\mu = v/E$。扩散系数 D 可以用以下公式计算：

$$D = \frac{1}{2n} \sum_i r_i^2 k_i P_i \tag{5-35}$$

式中，n 为体系的维度，$n = 1 \sim 3$；r 为两个相邻分子的电荷传输距离；i 为可能的电子跃迁通道，取决于分子排布和取向；k 为两个分子间的电子或空穴传输的速率常数；P 为电子或空穴在两分子间传输的概率，$P_i = k_i / \sum_i k_i$。当 $n = 1$，即分子线性排列时，$D = r^2 k$，这里 r 为相邻分子间的距离。

目前研究载流子迁移率常常加入动力学模拟，用来模拟实际条件下的电荷传输过程，从而可以研究 $n = 3$，即三维空间下的载流子迁移率[9,13,38]。本章主要介绍 $n = 1$，即两个分子间的电荷传输，动力学模拟部分本章不做介绍，感兴趣的读者可以阅读参考文献[9,13,24,38,40~42]。

计算载流子迁移率，首先需要知道电子传输速率或空穴传输速率，而后者的计算与电荷分离、电荷复合速率的计算有很多类似之处，也可以由式 5-8、式 5-9 计算。对于电子传输，即电子从一个受体传输到另一个受体（假设转移一个完整的电子）：

$$A_1^- + A_2^0 \xrightarrow{k_e} A_1^0 + A_2^- \tag{5-36}$$

空穴传输，即一个给体的电子递补到另一给体：

$$D_1^+ + D_2^0 \xrightarrow{k_h} D_1^0 + D_2^+ \tag{5-37}$$

显然对于这类反应的反应物与产物的势能是相等的，即 $\Delta G = 0$，势能面曲线也完全相同，称为自交换反应。对于自交换反应，式 5-8 变为

$$k_{et} = \frac{2\pi}{\hbar} H_{DA}^2 \left(\frac{1}{\sqrt{4\pi\lambda k_B T}} \right) \exp\left(-\frac{\lambda}{4 k_B T} \right) \tag{5-38}$$

计算速率常数只需要考虑重组能 λ 和电子耦合 H_{DA}。

同样地，式 5-9 变为

$$k_{ct} = \frac{2\pi}{\hbar} H_{DA}^2 \left(\frac{1}{\sqrt{4\pi\lambda_o k_B T}} \right) \times \sum_n \frac{(S^{eff})^n}{n!} \exp(-S^{eff}) \exp\left\{ -\frac{[\lambda_o + n\hbar(\omega^{eff})]^2}{4\lambda_o k_B T} \right\}$$

(5-39)

以电子传输为例，从图 5-15 可以看出，由于反应物与产物的势能面曲线形状完全相同，单体近似计算内重组能只需要计算一组即可[7,13,43]：

$$\lambda_{i,e} = [E^0(A^-) - E^0(A^0)] + [E^-(A^0) - E^-(A^-)] \qquad (5-40)$$

式中，第一项为中性电子态下由中性分子的几何结构变为负离子几何结构的原子核弛豫所贡献，$\lambda_1 = E^0(A^-) - E^0(A^0)$；第二项为负离子态下由负离子的几何结构转变为中性分子的几何结构所需要的能量，$\lambda_2 = E^-(A^0) - E^-(A^-)$，即 $\lambda_i = \lambda_1 + \lambda_2$。同样，对于空穴传输：

$$\lambda_{i,h} = [E^0(D^+) - E^0(D^0)] + [E^+(D^0) - E^+(D^+)] \qquad (5-41)$$

由于参与电子传输的两粒子均不带相反电荷，可以认为单体计算的内重组能比较接近真实情况。

在 5.3 节中已经介绍过三种计算电子耦合的方法，对于电子传输和空穴传输，由于两个反应物是同种分子，两者的分子轨道存在高度的对称性，并且反应前后体系的绝热能量相等。对于这种情况，再介绍一种简单有效的估计电子耦合的方法。

如图 5-16 所示，当两个相同分子靠近时，为了使体系能量最低，它们的分子轨道会发生相互作用（耦合），形成能量低于原轨道和高于原轨道的两条新轨道（可以类比原子轨道形成分子轨道），即出现能级分裂。根据 Koopman 定理，电子耦合的大小为能级分裂的一半。对于电子传输，电子从第一个分子的 LUMO 能级跃迁到第二个分子的 LUMO 能级（只考虑电子从 LUMO 到 LUMO 的传输），

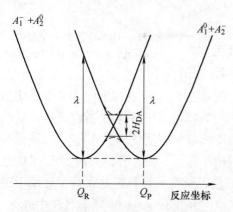

图 5-15 电子传输过程势能面曲线

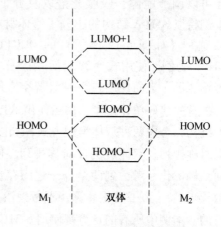

图 5-16 能级分裂示意图

那么可以得到[7,13,38,39]

$$H_{DA,electron} = \frac{\varepsilon_{LUMO+1} - \varepsilon_{LUMO}}{2} \tag{5-42}$$

式中，ε 为相应分子轨道的能量，注意这里的轨道是指两个分子形成的双体的分子轨道。同样，对于空穴传输：

$$H_{DA,hole} = \frac{\varepsilon_{HOMO} - \varepsilon_{HOMO-1}}{2} \tag{5-43}$$

注意这种方法只适合于两个反应物是同种分子，两者的分子轨道存在高度的对称性或者反应态与产物态的绝热能相等的情况。当给体与受体不同时[3,22]，需要先找到使两者能量相同的双体几何结构，再由该结构计算分子轨道的能量，但要确定该点的几何结构往往十分困难，故用这种方法计算量很大，此时电子耦合可以用式 5-27 直接计算。

5.5.2　载流子迁移率计算实例

为了更好地说明载流子迁移率的计算方法及式 5-38、式 5-39 的使用，在此列举两个计算实例。

例 1　DCC1T-CH3 的空穴迁移率计算

A-D-A（acceptor-donor-acceptor）型有机小分子[10,44,45]，两端为含高电负性原子的强吸电子基团，呈受体性；中部为富电子基团，呈给体性。这样设计可以在主链上形成电子"推拉"结构，可以促进分子内电荷传输，从而实现高效的分子间电子传输。此外，这种结构还可以调节能隙、吸收光谱以及分子堆积方式。本例将以 A-D-A 结构的小分子给体材料 DCCnT-X 系列[45]（如图 5-17 所示）的 DCC1T-CH$_3$（X = CH$_3$）为例，使用式 5-38 计算两个分子间的空穴传输速率，进而使用式 5-34 计算空穴迁移率。

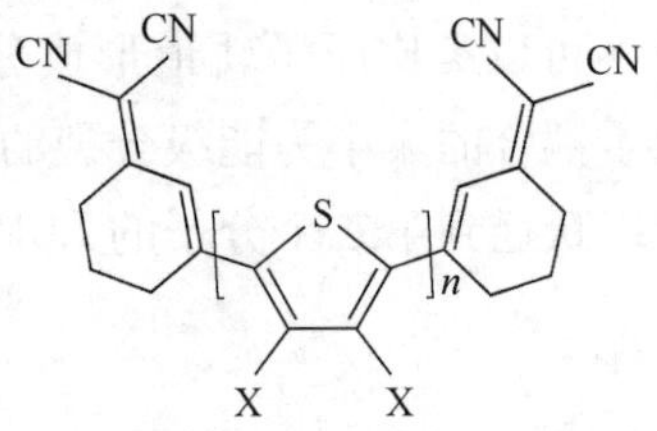

图 5-17　DCCnT-X 的分子结构
n—噻吩数；X—取代基团

首先建好单体模型，然后使用 B3LYP 泛函进行几何结构优化。基于优化后的结构，考虑两种双体堆积方式，如图 5-18 所示，其中双体 A 为两个单体呈镜面对称排列；双体 B 为反对称排列。使用传统杂化密度泛函 B3LYP[46,47]进行几何结构优化，考虑到两个分子之间存在弱相互作用，在计算的同时加入 GD3 色散校正[48]。为了简化计算，不考虑溶剂效应，所有的计算都是在真空环境下进行的。本例中所有的计算都使用 6-31G* 基组，并在 Guassian09[49]软件包中进行。

要计算空穴传输速率，首先需要计算重组能与电子耦合，然后代入式 5-38。

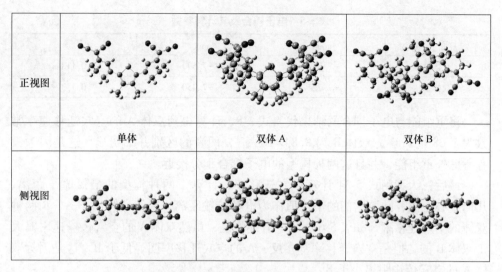

| | 正视图 | 单体 | 双体 A | 双体 B |
| 侧视图 | | | | |

图 5-18 DCC1T-CH$_3$ 单体与双体的结构

因为不考虑溶剂效应，故外重组能为 0，使用式 5-41 计算内重组能。首先，需要求出式 5-41 中的四个能量值，即 $E^0(D^+)$、$E^0(D^0)$、$E^+(D^+)$、$E^+(D^0)$。其中 $E^0(A^0)$ 与 $E^+(A^+)$ 分别对应中性分子与负离子态的能量最小值，可以通过几何结构优化求得；$E^0(D^+)$ 为正离子能量最小值的几何结构下的中性分子的能量，即在得到正离子能量最小值的几何结构之后，将净电荷设置为 0，自旋多重度设为 1 之后计算能量即可；同样，计算 $E^+(D^0)$ 只需要在中性态能量最小值的几何结构下，将净电荷设为 +1，自旋多重度设为 2，再计算能量即可。由于式 5-41 为单体计算，两种双体构型的内重组能是相同的，计算得到 $\lambda_1 = 0.130\text{eV}$，而 λ_2 只有 0.041eV，这说正离子的势能面与中性分子的势能面曲线相差很大。计算结果如表 5-4 所示。

表 5-4 DCC1T-CH$_3$ 单点能能量（E，Hartree）与内重组能（λ，eV）

$E^0(D^+)$	$E^0(D^0)$	$E^+(D^0)$	$E^+(D^+)$	λ_1	λ_2	λ_i
−1543.702	−1543.707	−1543.440	−1543.441	0.130	0.041	0.171

接下来使用式 5-43 分别计算双体 A 和双体 B 中的电子耦合。从式 5-43 可以看出，要计算电子耦合，需要计算双体的 HOMO 与 HOMO-1 的能量值。为了更加准确地计算，使用长程校正泛函 CAM-B3LYP，基于 B3LYP+GD3 优化得到的几何结构计算双体分子的能量（因为传统杂化泛函 B3LYP 不能克服密度泛函固有的自相互作用误差和能量对电子数导数不连续性问题，其计算得到的 HOMO、LUMO 能量没有实际意义）。计算得到双体 A 的耦合为 0.118eV，双体 B 的耦合为 0.113eV。计算结果如表 5-5 所示。

表 5-5　电子耦合及其计算参数 　　　　　　　　　（eV）

项　目	ε_{HOMO}	ε_{HOMO-1}	H_{DA}
双体 A	−7.353	−7.590	0.118
双体 B	−7.225	−7.450	0.113

将重组能与电子耦合的结果代入式 5-8，计算得到双体 A 的空穴迁移速率常数为 $1.08×10^{14}s^{-1}$，双体 B 为 $9.84×10^{13}s^{-1}$，两者的区别并不明显，这是因为没有考虑外重组能，并且这两种构型的电子耦合十分接近。

最后，为了用式 5-34 计算空穴迁移率，计算了两种构型的最短原子距离、几何中心距离，并取它们的平均值作为电荷传输距离，最终计算出了 A、B 两种双体的空穴迁移率，如表 5-6 所示。有趣的是，虽然双体 A 的空穴传输速率略大于双体 B 的，但是空穴迁移率却相反，A 的空穴迁移率明显低于 B。这是因为双体 A 的空穴传输距离小于 B。

表 5-6　空穴传输距离、传输速率常数和迁移率

项目	D_G/m	D_s/m	D_A/m	k_h/s^{-1}	$\mu/cm^2·(V·s)^{-1}$
双体 A	3.536×10⁻¹⁰	2.206×10⁻¹⁰	2.871×10⁻¹⁰	1.08×10¹⁴	3.47
双体 B	5.402×10⁻¹⁰	2.321×10⁻¹⁰	3.861×10⁻¹⁰	9.84×10¹³	5.70

以上计算了两种可能的 DCC1T-CH3 双体构型的空穴迁移率，其中双体 A 为 $3.44cm^2/(V·s)$，双体 B 为 $5.68\ cm^2/(V·s)$。但只考虑了一种空穴传输方向，在实际晶格中，分子的堆积方式是多种多样的，其间距、重叠程度等因素不尽相同，实验测得的空穴迁移率是无数种堆积方式的平均结果，这导致计算结果与实际情况存在一定偏差。但是，理论计算的结果可以定性地反映给受体分子的性能，因此也是十分重要的。

例 2　两个苯分子间的电子传输速率

经过例 1 的学习，已经对载流子迁移率的计算有了一些的了解，下面，为方便读者自行计算，将以苯分子为例，继续介绍考虑溶剂效应以及原子核核隧道效应时的电子迁移率的计算。

为了用式 5-40 计算内重组能，并且分别用式 5-38、式 5-39 计算电子传输速率，首先，建好苯分子的模型，使用 B3LYP/6-31G* 理论方法几何优化分子得到中性分子以及负一价离子能量最小值点的结构。为了计算 S^{eff} 与 ν^{eff} 分别对这两个结构进行频率计算。通过振动分析，可以求出不同正则模式对内重组能及 Hung-Rhys 因子的贡献，从而求出内重组能、Hung-Rhys 因子以及有效谐振频率。为了模拟实际溶剂环境，所有的计算都是极化连续介质模型 PCM 模型[50] 下进行的，

选择常用的溶剂二丁醚（介电常数为 3，即一般有机半导体的介电常数）。图 5-19a 列出了对内重组能有主要贡献（大于 0.01eV）的频率及相应的贡献，注意这里的 $\lambda_{1,2}$ 分别指中性分子和负离子的贡献。可以看出，内重组能主要由 $1000cm^{-1}$（0.12eV）与 $1600cm^{-1}$（0.2eV）左右的四个振动频率贡献。利用谐振模型（式 5-17），计算得到 $\lambda_1 = 0.225eV$，$\lambda_2 = 0.178eV$，于是 $\lambda_i = \lambda_1 + \lambda_2 = 0.403eV$。

同样，使用式 5-40，直接用单点能能量变化计算了内重组能，如表 5-7 所示。从中可以看出，两种方法的结果有细微的差别，但作者认为直接用式 5-40 计算的结果更加准确，因为用谐振子模型近似计算实际分子相对而言误差较大，因此，之后的计算都使用表 5-7 的结果。

表 5-7 苯单点能能量（E，hartree）与内重组能（λ，eV）

$E^0(A^-)$	$E^0(A^0)$	$E^-(A^0)$	$E^-(A^-)$	λ_1	λ_2	λ_i
−232.243	−232.250	−232.223	−232.231	0.201	0.194	0.395

使用 $S_j = \lambda_j / h\nu_j$ 计算第 j 个振动模式的 Hung-Rhys 因子 S_j，图 5-19b 为不同频率对 Hung-Rhys 因子的贡献。对 S_j 求和得到 S^{eff}，再用 $S^{eff} = \lambda_i / h\nu^{eff}$ 计算出有效谐振频率（注意计算时应先将 λ 化为以 J 为单位，ν 化为 s^{-1} 为单位）。注意这里为了简化计算，只考虑了图 5-19 所示的 6 个频率，计算结果如表 5-8 所示。

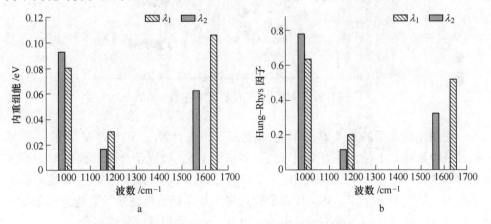

图 5-19 不同频率对内重组能以及 Hung-Rhys 因子的贡献（书后有彩图）

表 5-8 内重组能及振动参数

λ_i /eV	S^{eff}	ν^{eff} /cm^{-1}
0.395	2.58	1234.8

接下来计算电子耦合。首先建立双体模型，然后使用 B3LYP+GD3/6-31G*/

PCM 理论方法进行几何优化，优化前后的结构如图 5-20 所示。因为计算的是电子传输速率，故使用式 5-42 来计算电子耦合，同样，使用 CAM-B3LYP 来计算。如表 5-9 所示，计算得到电子耦合为 7.75meV，从图 5-20 可以看出，在几何优化后，两个苯分子的距离增加，并且角度出现了改变，导致它们共轭结构的重叠降低，因此耦合很小。

表 5-9　电子耦合及其计算参数　　　　　　　　　　（eV）

ε_{LUMO+1}	ε_{LUMO}	H_{DA}
1.461	1.445	0.00775

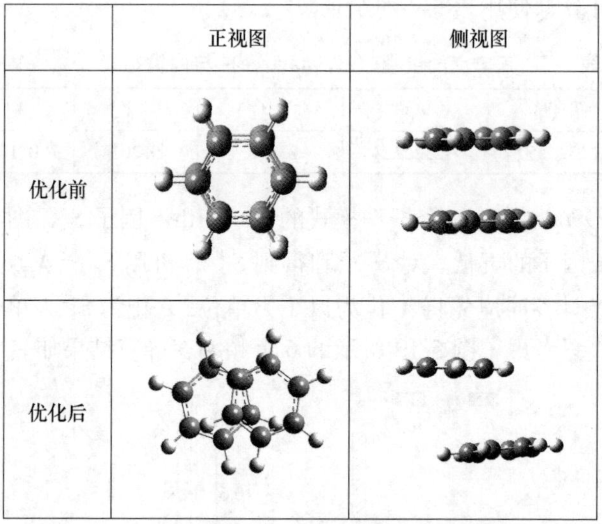

图 5-20　双体几何优化前和优化后的结构

使用比较常用的式 5-23 计算外重组能。首先计算了苯在 PCM 下的摩尔体积，从而计算其半径，并查阅到苯的折射率为 1.5，故光学介电常数为 2.25。静止介电常数可以用第 4 章所介绍的方法计算，但由于苯的介电常数已有准确的实验结果，这里不再计算。其他计算参数见表 5-10。最终得到外重组能为 4.2meV。作者发现，外重组能相对于内重组能（0.395eV）来说可以忽略不计。

表 5-10　外重组能及其计算参数

Δq	R/m	r_{DA}/m	ε_0	ε_{opt}	ε_s	λ_s/meV
e	3.04×10^{-10}	3.93×10^{-10}	8.854×10^{-12}	2.25	2.27	4.2

于此，将计算出的参数分别代入式 5-38、式 5-39 计算苯的电子迁移速率常数，计算结果如表 5-11 所示。计算结果显示，M-L-J 公式（式 5-39）计算的结果

远小于半经典 Marcus 理论（式 5-38）的结果，这是外重组能（0.0042eV）远小于 $\hbar\omega$（$h\nu$）造成的。这说明在常温下（298.15K）原子核的隧道效应对苯的电子传输的作用可以忽略不计。

表 5-11　电子迁移率及计算参数

λ_i /meV	λ_s /meV	H_{DA} /meV	S	ν /cm^{-1}	k_M /s^{-1}	$k_{M\text{-}LJ}$ /s^{-1}
395	4.2	7.75	2.58	1234.8	3.29×10^{10}	8.36×10^{-13}

将计算得到的电子传输速率代入式 5-34，得到电子迁移率。基于半经典 Marcus 速率表达式（式 5-38）计算得到的电子迁移率为 1.98×10^{-3} cm^2/（V·s）。Itoh 等[39]测得在 1200bar（1bar=0.1MPa）的压强，常温下液态苯的电子迁移率约为 0.1 cm^2/（V·s）。说明基于式 5-38 计算的结果低估了实验值，而基于式 5-39 更是远低于实验值。这种误差可能取决于计算方法。首先，虽然使用的 B3LYP+GD3/6-31G* 理论可以较好地模拟大分子体系，但是对于小分子，其精确度是远远不够的，这里仅用于展示如何计算。此外，在凝聚态条件下，长程校正泛函计算的 HOMO/LUMO 不能很好地遵循 Koopman 定理，在计算前线分子轨道能量时常常需要校正，而所计算的 LUMO 和 LUMO+1 的能量并没有经过校正。值得注意的是，此处只研究了一种构型，而实际情况十分复杂，并且电子耦合、外重组能对分子取向以及间距十分敏感，这也可能造成计算结果存在误差。因此，在模拟计算的过程中需要综合考虑各种因素，尽量向实际情况靠拢。Sato 等[38]结合动力学模拟，用经典 Marcus 理论公式计算了液态苯的电子迁移率，得到了与实验吻合较好的结果，读者如有兴趣可参阅参考文献 [38]。

参 考 文 献

[1] Clarke T M, Durrant J R. Charge photogeneration in organic solar cells [J]. Chem. Rev, 2010, 110: 6736-6767.

[2] Liu T, Troisi A. Absolute rate of charge separation and recombination in a molecular model of the P3HT/PCBM interface [J]. J. Phys. Chem. C, 2011, 115: 2406-2415.

[3] Zhao Y, Liang W. Charge transfer in organic molecules for solar cells: Theoretical perspective [J]. Chem. Soc. Rev, 2012, 41: 1075-1087.

[4] Hoppe H, Sariciftci N S. Organic solar cells: An overview [J]. J. Mater. Res, 2011, 19: 1924-1945.

[5] Lemaur V, Steel M, Beljonne D, et al. Photoinduced charge generation and recombination dynamics in model donor/acceptor pairs for organic solar cell applications: A full quantum-chemical treatment [J]. J. Am. Chem. Soc, 2005, 127: 6077-6086.

［6］ Song P，Li Y，Ma F，et al. Photoinduced electron transfer in organic solar cells ［J］. Chem. Rec，2016，16：734-753.

［7］ Coropceanu V，Cornil J，da Silva Filho D A，et al. Charge transport in organic semiconductors ［J］. Chem. Rev，2007，107：926-952.

［8］ Song X，Gasparini N，Ye L，et al. Controlling blend morphology for ultrahigh current density in nonfullerene acceptor-based organic solar cells ［J］. Acs. Energy Lett，2018，3：669-676.

［9］ Idé J，Fazzi D，Casalegno M，et al. Electron transport in crystalline PCBM-like fullerene derivatives：A comparative computational study ［J］. J. Mater. Chem. C，2014，2：7313-7325.

［10］ Firdaus Y，Le Corre V M，Khan J I，et al. Key parameters requirements for non-fullerene-based organic solar cells with power conversion efficiency ＞20 ［J］. Adv. Sci. （Weinh），2019，6：1802028.

［11］ Marcus R A. Electron transfer reactions in chemistry. Theory and experiment ［J］. Rev. Mod. Phys，1993，65：599-610.

［12］ Marcus R A，Sutin N. Electron transfers in chemistry and biology ［J］. Bba. Biomembranes，1985，811：265-322.

［13］ Zhang W，Liang W，Zhao Y. Non-condon effect on charge transport in dithiophene-tetrathiafulvalene crystal ［J］. J. Chem. Phys，2010，133：24501.

［14］ Lee M H，Geva E，Dunietz B D. Calculation from first-principles of golden rule rate constants for photoinduced subphthalocyanine/fullerene interfacial charge transfer and recombination in organic photovoltaic cells ［J］. J. Phys. Chem. C，2014，118：9780-9789.

［15］ Marcus R A. The 2nd Robinson，R. A. Memorial lecture - electron，proton and related transfers ［J］. Faraday Discuss，1982，74：7-15.

［16］ Barbara P F，Meyer T J，Ratner M A. Contemporary issues in electron transfer research ［J］. J. Phys. Chem，1996，100：13148-13168.

［17］ Jortner J. Temperature-dependent activation-energy for electron-transfer between biological molecules ［J］. J. Chem. Phys，1976，64：4860-4867.

［18］ Zhao Y，Liang W. Non-condon nature of fluctuating bridges on nonadiabatic electron transfer：Analytical interpretation ［J］. J. Chem. Phys，2009，130.

［19］ Grozema F C，Telesca R，Jonkman H T et al. Excited state polarizabilities of conjugated molecules calculated using time dependent density functional theory ［J］. J. Chem. Phys，2001，115：10014-10021.

［20］ Zhao C，Zhang Q，Zhou K，et al. Theoretical prediction on photovoltaic properties of 4Cl-BP-PQ/PC61BM system via density functional theory calculations ［J］. Chin. J. Chem，2016，34：1143-1150.

［21］ 明美君，毕婷君，李象远. 非平衡溶剂效应的约束平衡理论及在电子转移中的应用［J］. 高等学校化学学报，2015，36：2256-2261.

［22］ Hsu C P. The electronic couplings in electron transfer and excitation energy transfer ［J］. Accounts Chem. Res，2009，42：509-518.

［23］ Voityuk A A，Rosch N. Fragment charge difference method for estimating donor-acceptor electronic coupling: Application to DNA pi-stacks [J]. J. Chem. Phys, 2002, 117: 5607-5616.

[24] Pandey R, Gunawan A A, Mkhoyan K A, et al. Efficient organic photovoltaic cells based on nanocrystalline mixtures of boron subphthalocyanine chloride and C60 [J]. Adv. Funct. Mater, 2012, 22: 617-624.

[25] Gao Y, Jin F, Li W, et al. Highly efficient organic tandem solar cell with a subpc interlayer based on TAPC: C-70 bulk heterojunction [J]. Sci. Rep, 2016, 6: 23916.

[26] Jin F, Chu B, Li W, et al. Highly efficient organic tandem solar cell based on subPC: C-70 bulk heterojunction [J]. Org. Electron, 2014, 15: 3756-3760.

[27] Pandey R, Zou Y, Holmes R J. Efficient, bulk heterojunction organic photovoltaic cells based on boron subphthalocyanine chloride-C-70 [J]. Appl. Phys. Lett, 2012, 101: 033308.

[28] Lee C C, Liu S W, Cheng C W, et al. Improvement in the power conversion efficiency of bulk heterojunction photovoltaic device via thermal postannealing of subphthalocyanine: C-70 active layer [J]. Int. J. Photoenergy, 2013, 2013, 585196.

[29] Del Rey B, Keller U, Torres T, et al. Synthesis and nonlinear optical, photophysical, and electrochemical properties of subphthalocyanines [J] . J. Am. Chem. Soc, 1998, 120: 12808-12817.

[30] C laessens C G, Gonzalez-Rodriguez D, Torres T. Subphthalocyanines: Singular nonplanar aromatic compounds-synthesis, reactivity, and physical properties [J]. Chem. Rev, 2002, 102: 835-853.

[31] Claessens C G, Gonzalez-Rodriguez D, Rodriguez-Morgade M S, et al. Subphthalocyanines, subporphyrazines, and subporphyrins: Singular nonplanar aromatic systems [J]. Chem. Rev, 2014, 114: 2192-2277.

[32] Morse G E, Bender T P. Boron subphthalocyanines as organic electronic materials [J]. Acs. Appl. Mater. Inter, 2012, 4: 5055-5068.

[33] Xiao M, Tian Y, Zheng S. An insight into the relationship between morphology and open circuit voltage/electronic absorption spectrum at donor-acceptor interface in boron subphthalocyanine chloride/C70 solar cell: A DFT/TDDFT exploration [J]. Org. Electron, 2018, 59: 279-287.

[34] Shao Y, Gan Z, Epifanovsky E, et al. Advances in molecular quantum chemistry contained in the Q-Chem 4 program package [J]. Mol. Phys, 2015, 113: 184-215.

[35] Krylov A I, Gill P M W. Q-Chem: An engine for innovation [J] . Wires. Comput. Mol. Sci, 2013, 3: 317-326.

[36] Wu Q, Van Voorhis T. Direct calculation of electron transfer parameters through constrained density functional theory [J]. J. Phys. Chem. A, 2006, 110: 9212-9218.

[37] Wu Q, Van Voorhis T. Direct optimization method to study constrained systems within density-functional theory [J]. Phys. Rev. A, 2005, 72: 24502.

[38] Sato M, Kumada A, Hidaka K, et al. Computational study of excess electron mobility in high-pressure liquid benzene [J]. J. Phys. Chem. C, 2016, 120: 8490-8501.

[39] Itoh K, Holroyd R. Effect of pressure on the electron mobility in liquid benzene and toluene [J]. J. Phys. Chem, 1990, 94: 8850-8854.

［40］Ji L F, Fan J X, Qin G Y, et al. Theoretical study on the electronic structures and charge transport properties of a series of rubrene derivatives ［J］. J. Phys. Chem. C, 2018, 122: 21226-21238.

［41］Jiang Y, Geng H, Li W, et al. Understanding carrier transport in organic semiconductors: Computation of charge mobility considering quantum nuclear tunneling and delocalization effects ［J］. J. Chem. Theory Comput, 2019, 15: 1477-1491.

［42］Shi Y R, Liu Y F. Theoretical study on the charge transport and metallic conducting properties in organic complexes ［J］. Phys. Chem. Chem. Phys, 2019, 21: 13304-13318.

［43］Nelsen S F, Blackstock S C, Kim Y. Estimation of inner shell Marcus terms for amino nitrogen-compounds by molecular-orbital calculations ［J］. J. Am. Chem. Soc, 1987, 109: 677-682.

［44］Zhang G, Zhao J, Chow P C Y, et al. Nonfullerene acceptor molecules for bulk heterojunction organic solar cells ［J］. Chem. Rev, 2018, 118: 3447-3507.

［45］Fitzner R, Mena-Osteritz E, Walzer K, et al. A-D-A-type oligothiophenes for small molecule organic solar cells: Extending the pi-system by introduction of ring-locked double bonds ［J］. Adv. Funct. Mater, 2015, 25: 1845-1856.

［46］Becke A D. Density-functional thermochemistry . 3. The role of exact exchange ［J］. J. Chem. Phys, 1993, 98: 5648-5652.

［47］Lee C T, Yang W T, Parr R G. Development of the Colle-Salvetti correlation-energy formula into a functional of the electron-density ［J］. Phys. Rev. B, 1988, 37: 785-789.

［48］Grimme S, Antony J, Ehrlich S, et al. A consistent and accurate ab initio parametrization of density functional dispersion correction (DFT-D) for the 94 elements H-Pu ［J］. J. Chem. Phys, 2010, 132: 154104.

［49］Frisch M J, Trucks G W, Schlegel H B, et al. Gaussian 09, Revision E. 01 ed. ; Gaussian Inc. : Wallingford CT, 2013.

［50］Mennucci B. Polarizable continuum model ［J］. Wires. Comput. Mol. Sci, 2012, 2: 386-404.

附　录

附录1　计算前线分子轨道能量取值和绘制前线分子轨道图像

分子轨道能量取值

（1）输入文件格式（以亚酞菁在甲苯溶液中为例）。

\# b3lyp/6-31g * SCRF =（solvent = toluene）cube = orbitals

subpc-cube

0 1

C	−0.354818	4.569637	−0.738790
C	−2.988291	3.474780	−0.739119
C	−0.595847	3.299862	−0.208182
C	−1.435963	5.290115	−1.239755
C	−2.736433	4.749434	−1.239882
C	−1.918259	2.750083	−0.208330
C	0.296468	2.275036	0.316295
C	−1.821257	1.394720	0.316086
N	−0.523262	1.259378	0.734930
H	0.649867	4.980288	−0.752960
H	−1.274982	6.286098	−1.642041
H	−3.556005	5.337705	−1.642334
H	−3.988032	3.052222	−0.753597
B	0.000199	0.000085	1.322184
C	4.134141	−1.977341	−0.740065
C	4.503992	0.850559	−0.738562
C	3.155497	−1.133652	−0.208727
C	5.298878	−1.401477	−1.240726
C	5.481533	−0.004969	−1.239951
C	3.341100	0.286419	−0.208045
C	1.821964	−1.393995	0.315883
C	2.118847	0.880140	0.316479
N	1.352510	−0.176404	0.735119
N	1.622878	2.120082	0.183526

H	3.987039	−3.052692	−0.754828
H	6.080549	−2.039017	−1.643530
H	6.400938	0.410505	−1.642196
H	4.638394	1.927581	−0.752268
C	−3.779897	−2.591971	−0.738608
C	−1.515238	−4.325626	−0.738488
C	−2.559694	−2.165969	−0.207950
C	−3.863445	−3.888628	−1.239216
C	−2.745117	−4.744763	−1.239127
C	−1.422515	−3.036464	−0.208001
C	−2.118313	−0.880966	0.316895
C	−0.297218	−2.274945	0.316633
N	−0.829104	−1.083331	0.736272
H	−4.637774	−1.927076	−0.752918
H	−4.806528	−4.247145	−1.641438
H	−2.845046	−5.748730	−1.641344
H	−0.649523	−4.980281	−0.752673
N	−2.647081	0.345246	0.183375
N	1.024515	−2.465146	0.182914
Cl	0.000628	0.002000	3.216711

subpc-cube. cub

homo，lumo

　　注意 subpc-cube. cub 与最后一个元素之间的间隔只有一行，homo，lumo 行指本次计算的分子轨道是 HOMO，LUMO，也可以自行输入需要研究的分子轨道的数目。

　　（2）分子轨道能量取值。得到了对应的 log 文件后，Shift+G 到最后，显示 Normal，然后在键盘上 B 字母键，这样可以保证取得的分子轨道能量为能量迭代最后一步的能量，直到出现附图 1-1。

```
Alpha  occ. eigenvalues --   -0.28823  -0.28797  -0.28796  -0.27657  -0.26698
Alpha  occ. eigenvalues --   -0.26697  -0.26148  -0.25696  -0.25693  -0.19665
Alpha  virt. eigenvalues --  -0.09718  -0.09718  -0.03474  -0.03472  -0.03336
Alpha  virt. eigenvalues --   0.01504   0.01798   0.01799   0.05734   0.05741
```

附图 1-1　分子轨道能量取值示意图

　　亚酞菁分子的 HOMO 值为 Alpha occ . eigenvalues 的最后一个值，LUMO 为 Alpha virt eigenvalues 的第一个值，此时，取值的单位均为 Hartree，需要乘以 27.2114 以得到单位为 eV 的值。

分子轨道绘制

（1）将上文中后缀为 cub 的文件下载到本地，用 GaussView 打开，右键，选中 Results，得到附图 1-2 所示界面，再选中 Surfaces and Contours，得到附图 1-3 所示界面。

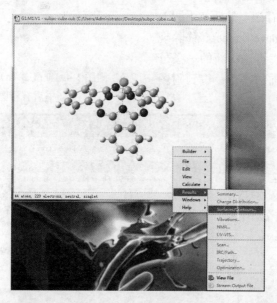

附图 1-2　GaussView 绘制分子轨道图操作示意图（书后有彩图）

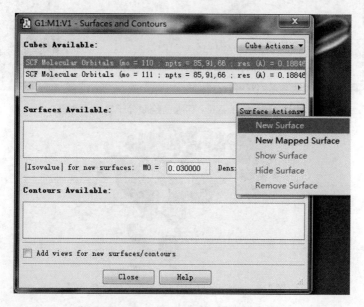

附图 1-3　GaussView 绘制分子轨道示意图

（2）一般而言，有机分子的势能面 MO 设置为 0.03。选择要画的分子轨道，再选中 Surface Actions，下拉选中 New Surface，就可以得到附图 1-4 所示亚酞菁的 HOMO，右键，Files，Save image files，存图。然后如附图 1-5 所示，选中 Remove Surface，移除现有的分子轨道后，再选中新的一条分子轨道，重复之前的操作，得到附图 1-6 所示亚酞菁的 LUMO。

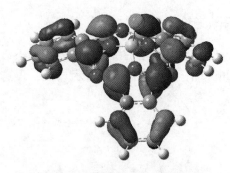

附图 1-4　亚酞菁 HOMO 示意图
（书后有彩图）

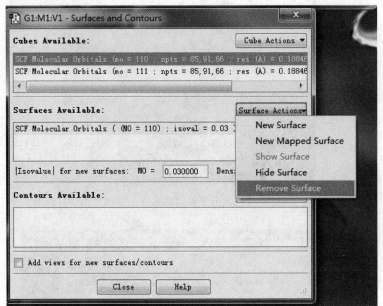

附图 1-5　GaussView 移除已绘制分子轨道示意图

附图 1-6　亚酞菁 LUMO 示意图（书后有彩图）

红色和绿色分别代表电子波函数的正负部分，HOMO 均匀分布在亚酞菁的三个异吲哚上，而 LUMO 集中在两个异吲哚上。

附录 2 吸收光谱模拟及相应数据处理

本节主要介绍激发态计算/吸收光谱绘制以及数据处理（以亚酞菁单体在 PCM 条件下用 B3LYP 和 ωb97XD 两种泛函计算为例）。

激发态计算

激发态计算输入文件（以 B3LYP 为例）

\# B3LYP/6-311+g * SCRF = （solvent = toluene） td （singlets, nstates = 40）

subpc-012

0 1
SubPC 坐标同上，省略。

其中，SCRF = （solvent = toluene） 是 PCM 关键词，溶剂类型关键词可以从 Gaussian 官网查找，td （singlets, nstates = 40） 是激发态计算关键词，singlets 表明本次计算的是单线态，nstates 是计算的激发态的个数。

激发态输出结果处理

绘制吸收光谱图

提取激发态计算的输出文件中的数据，均会使用到激发态计算的输出文件，首先下载对应的输出文件到本地计算机，然后用以下方法进行数据提取，下面将分别讲述。

（1）GaussView 绘制吸收光谱图方法（以 B3LYP 为例）。

打开相应的输出文件，打开方式选择 GaussView，右键，选择 Result，UV-Vis，如附图 2-1 所示。

可以得到附图 2-2 界面，通过移动光标，可以看每一个态的激发波长和振动强度。右键，得到附图 2-3 所示界面，选择 Save Data 得到数据文件，也可以选择 export，输出图片文件。点击 properties，如附图 2-4 所示，可以设置半峰宽，X、Y 轴的标尺。

（2）Multiwfn[1] 绘制吸收光谱图方法（以 ωB97X 和 B3LYP 为例）。

1）打开 Multiwfn，将下载到本地的 log 文件拖入 Multiwfn 界面，如附图 2-5 所示。

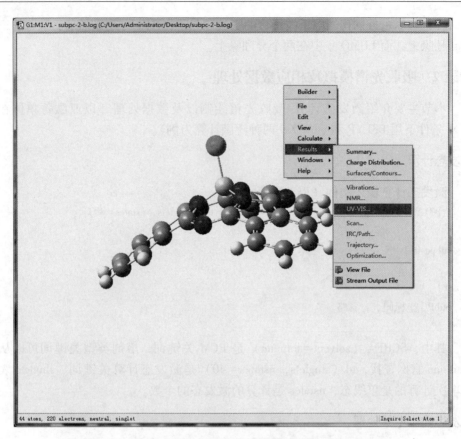

附图 2-1　GaussView 绘制吸收光谱图界面示意图（书后有彩图）

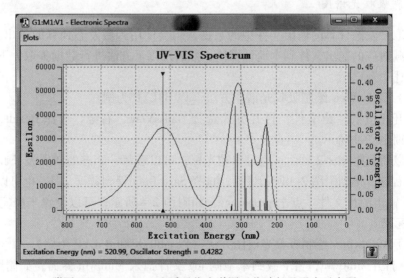

附图 2-2　GaussView 查看吸收光谱图吸收波长及强度示意图

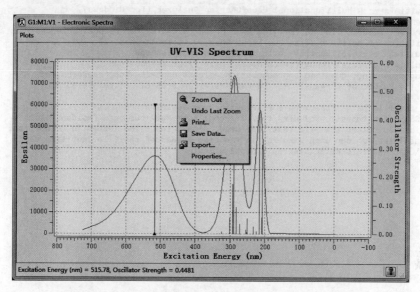

附图 2-3　GaussView 存储导出吸收光谱图相关数据示意图

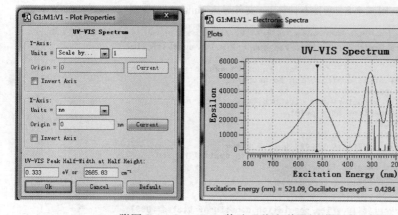

附图 2-4　GaussView 修改吸收光谱图相关性质示意图

2）回车，到达 Multifwn 的菜单界面，可以看到，11 为绘制红外/拉曼/紫外-可见/电子圆二色谱/振动圆二色谱命令，18 为电子激发态分析命令，这两个命令是常用的，如附图 2-6 所示。这里重点讲解命令 11 的使用。

3）输入 11 后，再输入 3，具体设置见附图 2-7，绘制紫外-可见光谱图。

重点注意设置 X 轴时，一般设置好各个参数后，输入 2 保存对应的 txt 文件，注意，每处理一个文件，最后按自己的命名方式先命名，而不是用默认生成的命名，如附图 2-8 所示。

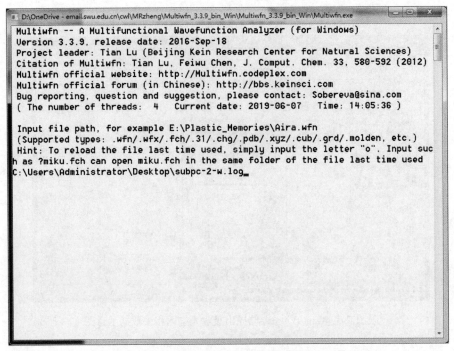

附图 2-5　激发态计算 log 文件导入 Multiwfn 示意图

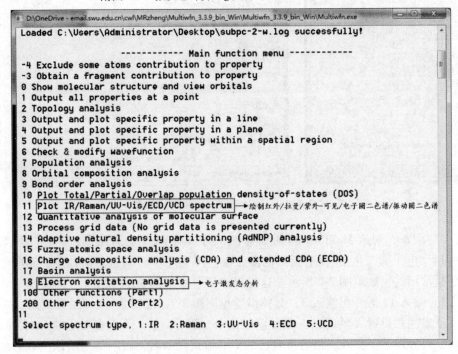

附图 2-6　Multiwfn 绘制吸收光谱图常用命令示意图（书后有彩图）

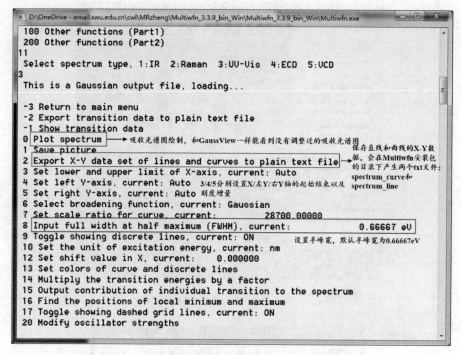

附图 2-7　Multiwfn 设置光谱范围、振动强度、半峰宽示意图

examples	2018/5/5 15:56	文件夹	
disdll_d.dll	2011/9/1 12:38	应用程序扩展	324 KB
libiomp5md.dll	2010/11/18 2:34	应用程序扩展	739 KB
Multiwfn	2016/9/18 22:27	应用程序	6,382 KB
settings	2019/6/7 16:20	配置设置	14 KB
subpc-2-bcurve	2019/6/7 16:20	文本文档	83 KB
subpc-2-bline	2019/6/7 16:20	文本文档	4 KB
subpc-2-wcurve	2019/6/7 16:20	文本文档	83 KB
subpc-2-wline	2019/6/7 16:20	文本文档	4 KB

附图 2-8　Multiwfn 处理后文件汇总示意图

　　同时，在绘制吸收光谱图之前，可以先把产生的 txt 文件拷贝到桌面的文件夹中，方便使用 Origin 绘图时查找。到这一步，吸收光谱图的数据就提取好了，接下来用 Origin 绘制吸收光谱图。

　　4）首先打开 Origin，会有一个默认的工作表，选中工作表，然后文件-导入-多个 ASCⅡ文件（M），如附图 2-9 所示。

　　5）出现如附图 2-10 所示的界面，先选择 line 文件导入。导入 line 文件后再选中 curve 文件，选 curve 文件的顺序要和 line 文件一致。

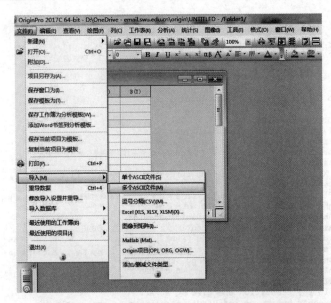

附图 2-9　多个数据同时导入 Origin 界面示意图

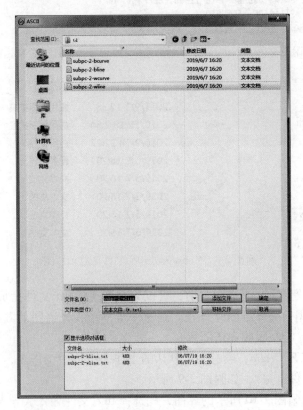

附图 2-10　吸收光谱数据导入 Origin 界面示意图

选中后，会出现附图 2-11 所示界面，导入模式选择新建列，到此，文件导入就完成了。

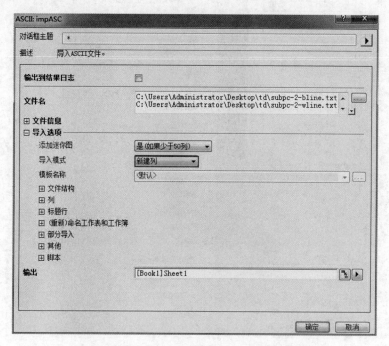

附图 2-11 吸收光谱图数据导入模式示意图

6）选中 AC 等奇数列，将其设置为 X，如附图 2-12、附图 2-13 所示。

	A(X)	B(Y)	C(Y)	D(Y)
1	521.45635	0	516.14157	0
2	521.45635	0.4284	516.14157	0.4481
3	521.45635	0	516.14157	0
4	521.34679	0	516.03423	0
5	521.34679	0.4282	516.03423	0.4479
6	521.34679	0	516.03423	0
7	347.94467	0	331.17155	0
8	347.94467	0	331.17155	0
9	347.94467	0	331.17155	0

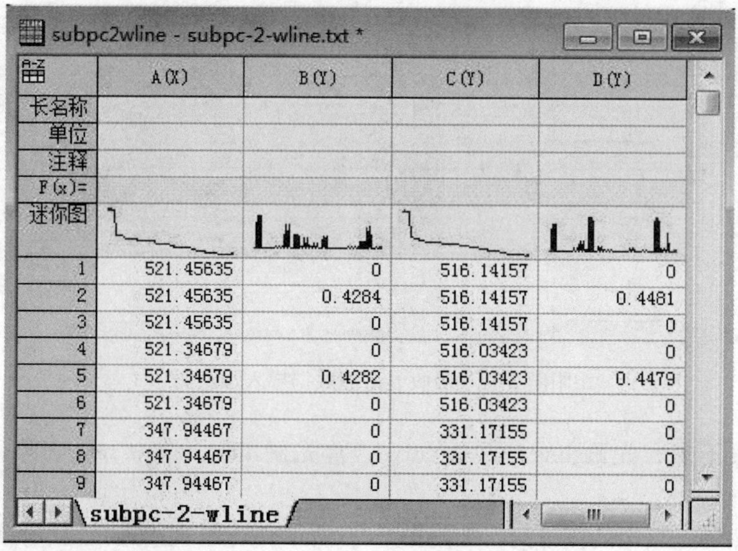

附图 2-12 吸收光谱图数据直接导入示意图

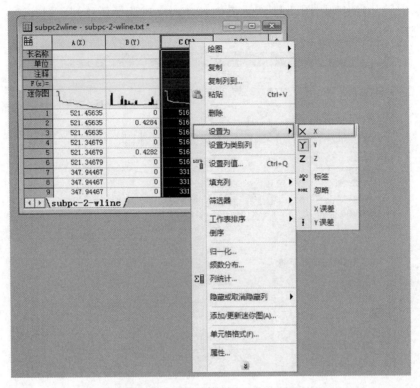

附图 2-13　吸收光谱数据设置示意图

同样的操作，将 curve 文件按照 line 文件的顺序导入。所有文件均导入后，如附图 2-14 所示。

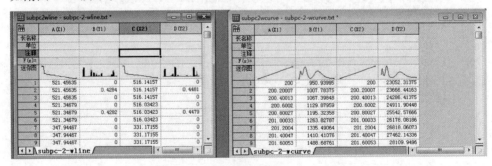

附图 2-14　吸收光谱图数据导入示意图

7）接下来，先画 line，再画 curve，首先画 line，选中 line 表格，如附图 2-15 所示。

8）然后，页面的左下角，如附图 2-16 所示，可以直接选择斜线，或者选择斜线旁边的下拉键，然后获得振动强度分布图。得到附图 2-17 所示。

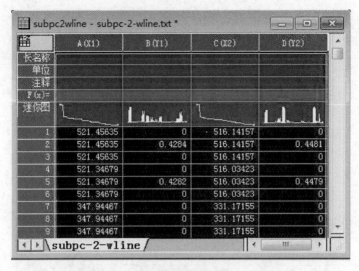

附图 2-15　吸收光谱图振动强度绘制数据图

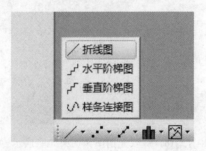

附图 2-16　吸收光谱振动强度绘制示意图

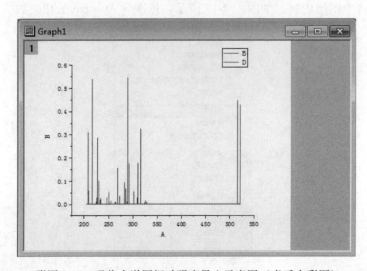

附图 2-17　吸收光谱图振动强度导入示意图（书后有彩图）

9）右键点击画布空白处，选择新图层（轴），然后选择 Top-X Right-Y（Linked Dimesion），建立新的图层，如附图 2-18 所示。

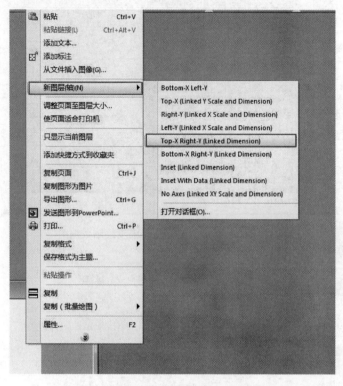

附图 2-18　吸收光谱图添加第二图层示意图

然后选中图层内容，如附图 2-19 所示。依次导入 curve 的相关数据。

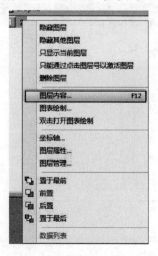

附图 2-19　吸收光谱第二图层内容导入示意图

10) 此时，数据都导入了，如附图 2-20 所示。此时的图是不合格的，需要调整横纵坐标、线型等。双击坐标轴，出现附图 2-21，可以通过图层（左下角）和上下左右轴调整横纵坐标。

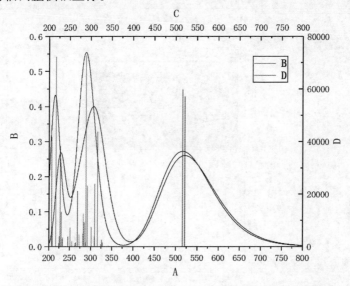

附图 2-20 吸收光谱图直接导入数据草图示意图（书后有彩图）

附图 2-21 吸收光谱图范围设置示意图

11）然后调节线条的颜色类型，双击图线，出现附图 2-22 所示界面，选择独立，再选中线条，如附图 2-23 所示界面，设置线型和颜色。

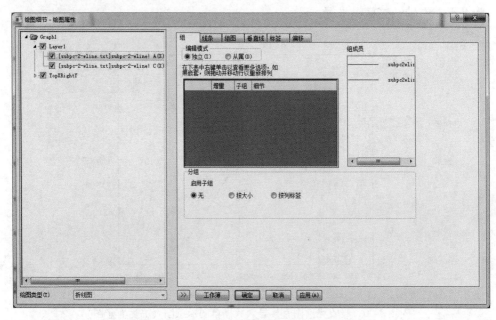

附图 2-22　吸收光谱图线型颜色独立设置示意图

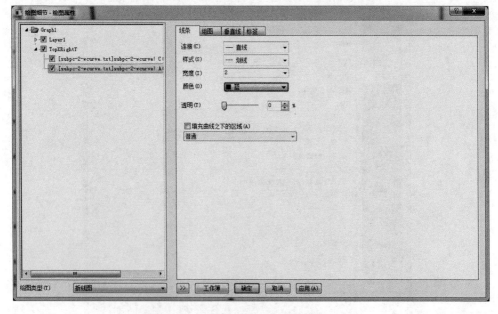

附图 2-23　吸收光谱图线型颜色设置示意图

12) 最后，保存图片，文件—项目另存为—打开对话框，然后设置图片的格式、存储位置、名字、分辨率，如附图 2-24～附图 2-26 所示。

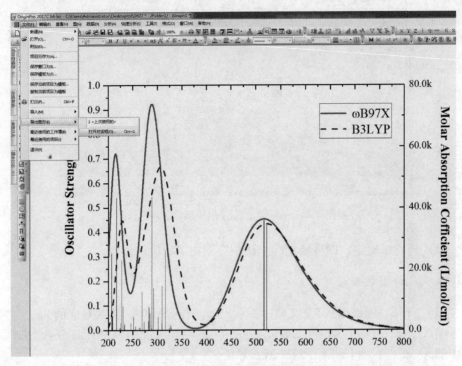

附图 2-24 吸收光谱图绘制及导出界面设置示意图（书后有彩图）

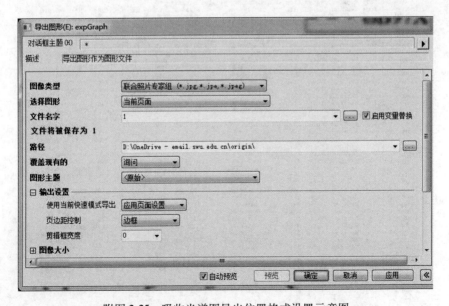

附图 2-25 吸收光谱图导出位置格式设置示意图

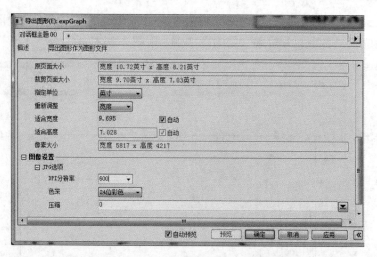

附图 2-26　吸收光谱图导出界面设置示意图

13）选择，确定，即将绘制的光谱图存储在了相应的位置。

吸收光谱图数据分析

（1）首先，将数据从 log 文件中提取出来。在 SSH 中，找到对应的 log 文件，然后输入 grep Excited States subpc-2-f. log（subpc-2-f. log 为自己计算吸收光谱图相应的 log 文件），得到附图 2-27 所示界面。

```
[wenlanc@mgt b3lyp]$ grep Excited States subpc-2-f.log
grep: States: No such file or directory
subpc-2-f.log: Excited states from <AA,BB:AA,BB> singles matrix:
subpc-2-f.log: Excited State    1:      Singlet-A    2.3793 eV  521.09 nm  f=0.4284  <S**2>=0.000
subpc-2-f.log: Excited State    2:      Singlet-A    2.3798 eV  520.99 nm  f=0.4282  <S**2>=0.000
subpc-2-f.log: Excited State    3:      Singlet-A    3.5658 eV  347.71 nm  f=0.0000  <S**2>=0.000
subpc-2-f.log: Excited State    4:      Singlet-A    3.6229 eV  342.23 nm  f=0.0015  <S**2>=0.000
subpc-2-f.log: Excited State    5:      Singlet-A    3.6229 eV  342.22 nm  f=0.0015  <S**2>=0.000
subpc-2-f.log: Excited State    6:      Singlet-A    3.7714 eV  328.75 nm  f=0.0000  <S**2>=0.000
subpc-2-f.log: Excited State    7:      Singlet-A    3.7854 eV  327.53 nm  f=0.0123  <S**2>=0.000
subpc-2-f.log: Excited State    8:      Singlet-A    3.8058 eV  325.78 nm  f=0.0189  <S**2>=0.000
subpc-2-f.log: Excited State    9:      Singlet-A    3.8063 eV  325.73 nm  f=0.0188  <S**2>=0.000
subpc-2-f.log: Excited State   10:      Singlet-A    3.9252 eV  315.87 nm  f=0.3269  <S**2>=0.000
subpc-2-f.log: Excited State   11:      Singlet-A    3.9254 eV  315.85 nm  f=0.3262  <S**2>=0.000
subpc-2-f.log: Excited State   12:      Singlet-A    3.9655 eV  312.66 nm  f=0.0000  <S**2>=0.000
subpc-2-f.log: Excited State   13:      Singlet-A    4.0055 eV  309.53 nm  f=0.1781  <S**2>=0.000
subpc-2-f.log: Excited State   14:      Singlet-A    4.0056 eV  309.53 nm  f=0.1787  <S**2>=0.000
subpc-2-f.log: Excited State   15:      Singlet-A    4.0153 eV  308.78 nm  f=0.0281  <S**2>=0.000
subpc-2-f.log: Excited State   16:      Singlet-A    4.2937 eV  288.76 nm  f=0.1294  <S**2>=0.000
subpc-2-f.log: Excited State   17:      Singlet-A    4.2940 eV  288.74 nm  f=0.1294  <S**2>=0.000
subpc-2-f.log: Excited State   18:      Singlet-A    4.3033 eV  288.12 nm  f=0.0119  <S**2>=0.000
subpc-2-f.log: Excited State   19:      Singlet-A    4.3594 eV  284.40 nm  f=0.0690  <S**2>=0.000
subpc-2-f.log: Excited State   20:      Singlet-A    4.3595 eV  284.40 nm  f=0.0691  <S**2>=0.000
subpc-2-f.log: Excited State   21:      Singlet-A    4.3764 eV  283.30 nm  f=0.0000  <S**2>=0.000
subpc-2-f.log: Excited State   22:      Singlet-A    4.6099 eV  268.95 nm  f=0.1583  <S**2>=0.000
subpc-2-f.log: Excited State   23:      Singlet-A    4.6101 eV  268.94 nm  f=0.1580  <S**2>=0.000
subpc-2-f.log: Excited State   24:      Singlet-A    4.6730 eV  265.32 nm  f=0.0000  <S**2>=0.000
subpc-2-f.log: Excited State   25:      Singlet-A    4.6811 eV  264.86 nm  f=0.0108  <S**2>=0.000
subpc-2-f.log: Excited State   26:      Singlet-A    4.6812 eV  264.86 nm  f=0.0109  <S**2>=0.000
subpc-2-f.log: Excited State   27:      Singlet-A    4.7210 eV  262.62 nm  f=0.0094  <S**2>=0.000
subpc-2-f.log: Excited State   28:      Singlet-A    4.8185 eV  257.31 nm  f=0.0000  <S**2>=0.000
subpc-2-f.log: Excited State   29:      Singlet-A    5.0277 eV  246.60 nm  f=0.0000  <S**2>=0.000
subpc-2-f.log: Excited State   30:      Singlet-A    5.0334 eV  246.32 nm  f=0.0283  <S**2>=0.000
subpc-2-f.log: Excited State   31:      Singlet-A    5.0335 eV  246.32 nm  f=0.0284  <S**2>=0.000
subpc-2-f.log: Excited State   32:      Singlet-A    5.3229 eV  232.92 nm  f=0.0210  <S**2>=0.000
subpc-2-f.log: Excited State   33:      Singlet-A    5.3231 eV  232.92 nm  f=0.0213  <S**2>=0.000
subpc-2-f.log: Excited State   34:      Singlet-A    5.3892 eV  230.06 nm  f=0.0987  <S**2>=0.000
subpc-2-f.log: Excited State   35:      Singlet-A    5.3894 eV  230.05 nm  f=0.0988  <S**2>=0.000
subpc-2-f.log: Excited State   36:      Singlet-A    5.4557 eV  227.26 nm  f=0.2836  <S**2>=0.000
subpc-2-f.log: Excited State   37:      Singlet-A    5.4560 eV  227.24 nm  f=0.2860  <S**2>=0.000
subpc-2-f.log: Excited State   38:      Singlet-A    5.4604 eV  227.06 nm  f=0.0000  <S**2>=0.000
subpc-2-f.log: Excited State   39:      Singlet-A    5.5014 eV  225.37 nm  f=0.0288  <S**2>=0.000
subpc-2-f.log: Excited State   40:      Singlet-A    5.5017 eV  225.36 nm  f=0.0271  <S**2>=0.000
```

附图 2-27　SSSH 中吸收光谱具体数据示意图

（2）将所有的激发态信息复制到 Excel 里面，如附图 2-28 所示。

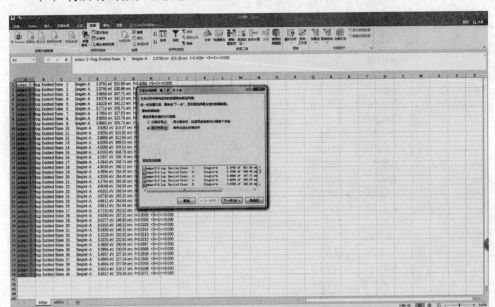

附图 2-28　吸收光谱具体数据截取分列示意图

分列，留下波长、能量、振动强度的三列数据，将能量和波长分别乘以振动强度，得到如附图 2-29 所示。

（3）根据上文所绘制的吸收光谱图，将紫外区域和可见区域分出，根据公式 $\lambda_{ave} = \dfrac{\lambda_1 \times OS_1 + \lambda_2 \times OS_2 + \lambda_n \times OS_n}{OS_1 + OS_2 + \cdots + OS_n}$ 得到紫外和可见区域的平均吸收波长，输入表头，删除振动强度为 0 的激发态，激发态表便绘制出来了。其中，λ_n 为第 n 个激发态的波长，OS_n 为第 n 个激发态的振动强度，处理后的数据如附图 2-30 所示。

同样的方法可以得到 ωb97X 泛函计算的平均吸收波长，将两个泛函的紫外可见区域的平均吸收波长，与所处溶剂的实验值放在一个表格，如附图 2-31 所示。

（4）RMSD 计算

实验测得的亚酞菁溶液二氯甲烷中的紫外和可见区域的波长分别为 X、Y，B3LYP 计算的紫外和可见区域的波长为 X1，Y1，则 B3LYP 泛函的均方差计算方程为 $\sqrt{\dfrac{(x-x_1)^2+(y-y_1)^2}{2}}$，因此，可以求出 B3LYP 和 ωB97X 两个泛函计算的均方差分别为 36.58 和 49.10。

2.3793	521.09	0.4284		223.235	1.019292
2.3798	520.99	0.4282		223.0879	1.01903
3.5658	347.71	0		0	0
3.6229	342.23	0.0015		0.513345	0.005434
3.6229	342.22	0.0015		0.51333	0.005434
3.7714	328.75	0		0	0
3.7854	327.53	0.0123		4.028619	0.04656
3.8058	325.78	0.0189		6.157242	0.07193
3.8063	325.73	0.0188		6.123724	0.071558
3.9252	315.87	0.3269		103.2579	1.283148
3.9254	315.85	0.3262		103.0303	1.280465
3.9655	312.66	0		0	0
4.0055	309.53	0.1781		55.12729	0.71338
4.0056	309.53	0.1787		55.31301	0.715801
4.0153	308.78	0.0281		8.676718	0.11283
4.2937	288.76	0.1294		37.36554	0.555605
4.294	288.74	0.1294		37.36296	0.555644
4.3033	288.12	0.0119		3.428628	0.051209
4.3594	284.4	0.069		19.6236	0.300799
4.3595	284.4	0.0691		19.65204	0.301241
4.3764	283.3	0		0	0
4.6099	268.95	0.1583		42.57479	0.729747
4.6101	268.94	0.158		42.49252	0.728396
4.673	265.32	0		0	0
4.6811	264.86	0.0108		2.860488	0.050556
4.6812	264.86	0.0109		2.886974	0.051025
4.721	262.62	0.0094		2.468628	0.044377
4.8185	257.31	0		0	0
5.0277	246.6	0		0	0
5.0334	246.32	0.0283		6.970856	0.142445
5.0335	246.32	0.0284		6.995488	0.142951
5.3229	232.92	0.021		4.89132	0.111781
5.3231	232.92	0.0213		4.961196	0.113382
5.3892	230.06	0.0987		22.70692	0.531914
5.3894	230.05	0.0988		22.72894	0.532473
5.4557	227.26	0.2836		64.45094	1.547237
5.456	227.24	0.286		64.99064	1.560416
5.4604	227.06	0		0	0
5.5014	225.37	0.0288		6.490656	0.15844
5.5017	225.36	0.0271		6.107256	0.149096

附图 2-29　吸收光谱具体数据导出版示意图

（5）斜率计算与回归曲线绘制

将计算的平均吸收波长与实验值复制到 origin 中，第一列 X 为实验值，第二列 Y 为实验值，第三列和第四列 Y 分别为 B3LYP 和 ωB97X 的计算，选择表格，绘制散点图，如附图 2-32 所示。

Excited States	Energy(eV)	Wavelength(nm)	Oscillator strength
1	2.38	521.1	0.4284
2	2.38	521.0	0.4282
λave	2.38	521.0	0.8566
4	3.62	342.2	0.0015
5	3.62	342.2	0.0015
7	3.79	327.5	0.0123
8	3.81	325.8	0.0189
9	3.81	325.7	0.0188
10	3.93	315.9	0.3269
11	3.93	315.9	0.3262
13	4.01	309.5	0.1781
14	4.01	309.5	0.1787
15	4.02	308.8	0.0281
16	4.29	288.8	0.1294
17	4.29	288.7	0.1294
18	4.30	288.1	0.0119
19	4.36	284.4	0.069
20	4.36	284.4	0.0691
22	4.61	269.0	0.1583
23	4.61	268.9	0.158
25	4.68	264.9	0.0108
26	4.68	264.9	0.0109
27	4.72	262.6	0.0094
30	5.03	246.3	0.0283
31	5.03	246.3	0.0284
32	5.32	232.9	0.021
33	5.32	232.9	0.0213
34	5.39	230.1	0.0987
35	5.39	230.1	0.0988
36	5.46	227.3	0.2836
37	5.46	227.2	0.286
39	5.50	225.4	0.0288
40	5.50	225.4	0.0271
λave	4.57	276.2	2.7692

附图 2-30　吸收光谱具体数据示意图

Experiment	Experiment	B3LYP	ωB97X
305.0	305.0	276.2	255.1
564.0	564.0	521.0	515.7

附图 2-31　实验和计算对比数据示意图

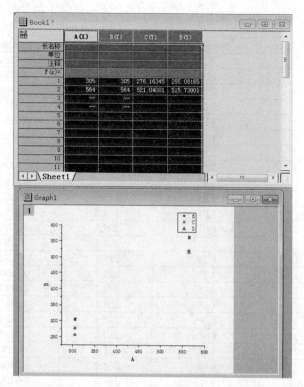

附图 2-32　实验和计算对比图散点示意图

选中一组点，在菜单栏中选择分析—拟合—线性拟合，如附图 2-33 所示。

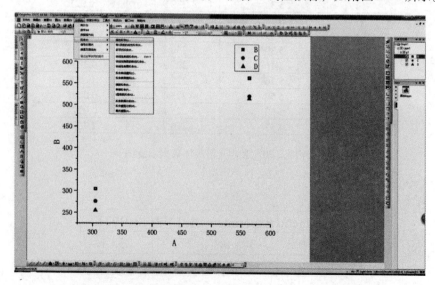

附图 2-33　实验和计算对比图拟合示意图（书后有彩图）

可以得到实验值的拟合与斜率，如附图 2-34 所示。

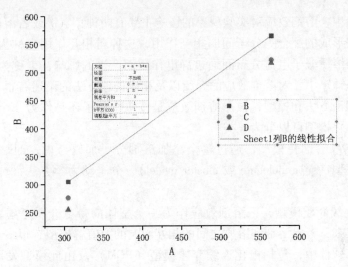

附图 2-34　实验和计算对比图绘制示意图（书后有彩图）

（6）同样的方法可以将 B3LYP 和 ωB97X 的结果拟合出来，为了美观，可以在实验值的数据中加一组 250，250 的数据，使得实验值的坐标是过原点的斜率为 1 的直线，将整理好的斜率和 RMSD 表格复制到图层，改好横纵坐标，保存图片，就可以得到回归曲线及其分析图了（附图 2-35）。

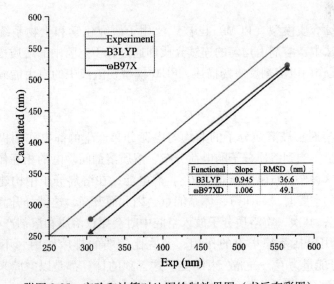

附图 2-35　实验和计算对比图绘制效果图（书后有彩图）

附录3　溶剂模型介绍

在实验中，溶剂效应对实验现象的影响主要有两种：氢键或者溶剂分子与溶质分子之间形成的配合等分子间弱相互作用，这种弱相互作用也称为短程作用；极性溶剂与溶质分子电荷分布间通过静电作用而产生的影响，也称为远程作用。在理论模拟计算中，对溶剂效应的介绍以及相应处理方法的论述有很多，已经发展了许多理论方法和模型，根据溶剂效应是按单个分子还是作为一个整体考虑，现有的溶剂化模型可以分为三类：

（1）离散溶剂化模型，通过逐个添加溶剂分子加以考虑，即显溶剂效应，如超分子模型（supermolecule 或 cluster model），分子动力学方法（molecular dynamics）等。

（2）连续介质模型，把溶剂效应作为一个整体的带电介质考虑，即隐溶剂效应。近年来，考虑溶剂和溶质之间的相互影响的数值解模型有很多，并被引入到量化计算软件中，包括极化连续介质模型（PCM）及由此模型发展的导体极化连续介质模型（C-PCM）以及类导体屏蔽模型（COSMO）和积分方程极化连续介质模型（IEF-PCM）。

（3）离散-连续组合模型，指离散溶剂化模型和连续介质模型的组合。将溶质分子和少数溶剂分子（通常为第一溶剂层）形成的超分子模型"置入"在PCM模型中进行计算，这一方法既考虑了第一溶剂层中溶剂分子和溶质分子之间的短程相互作用，同时也包含了由溶剂效应导致的长程静电作用。在此，重点介绍 PCM 模型和 COSMO 模型。

1）PCM[2]。

极化连续介质模型（PCM）已被广泛用于研究化学和生物系统中的溶剂效应。在该方法中，溶剂由均匀的连续介质即通过置于空腔中的溶质极化表示。溶质-溶剂相互作用以溶剂反应场描述，PCM 模型在溶液中的自由能源于三部分的贡献：

$$G_{sol} = G_{es} + G_{dr} + G_{cav} \tag{附 3-1}$$

连续介质（溶剂）被溶质分子的非均匀电荷分布产生的静电作用极化，而溶剂的极化作用会影响到溶质分子的电荷分布，溶质溶剂间静电的相互作用使得体系能量降低，这种作用贡献的能量为 G_{es}，静电能；在溶剂分子中构建一个可以容纳溶质分子的空腔时（cavity），体系能量会因此而升高，这部分升高的能量称为 G_{cav}，空腔能；其次，将溶质分子放入空腔中时会导致溶质和溶剂产生相互作用，这种相互作用包括范德华力的作用、一些比较弱的排斥作用（不包括静电排斥），这部分能量为 G_{dr}，色散-束缚能。这三项的计算都是以空腔来计算的，其中，空腔以原子位置为中心的连锁范德华球来定义。

PCM 模型的空腔的构建方法很多，Gaussian 03 默认 UA0（United Atom）空腔由非氢原子为中心的多个球体定义，每个球体的半径由成键方式、原子类别、氢原子成键数目以及分子总电荷数决定，再乘以一个与溶剂性质相关的系数，为了使得球体接触位置的表面更光滑，也会添加一些不以非氢原子为中心的球体[3]。附图 3-1 为极化连续介质模型示意图。在标准 PCM 中，空腔是由 GEPOL 程序生成的。在溶液中静电对自由能的贡献，利用一个近似的溶剂可作用面，该面通过用一个常数因子来约化所有的半径，并在之后加入更多的不以原子为中心的球，进而得到更为平滑的表面。表面电荷和定域化的计算可以通过系统地将球表面分割成若干已知面积的空腔，计算每个表面元素的一个点电荷来实现。

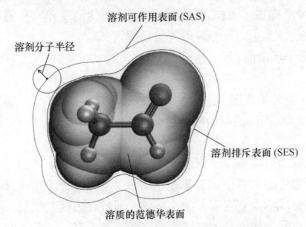

附图 3-1　极化连续介质模型示意图（书后有彩图）

从量子力学的视角来看，用第一性原理的方法来研究溶质分子，溶质与溶剂间的相互作用通过反应势 $\hat{V}_R$ 计算，反应势 $\hat{V}_R$ 被视为对溶质哈密顿量的微扰：

真空中
$$\hat{H}^{\circ}\Psi^{\circ} = E^{\circ}\Psi^{\circ} \qquad\qquad (\text{附 } 3\text{-}2)$$

溶液中
$$[\hat{H}^{\circ} + \hat{V}_R]\Psi = E\Psi \qquad\qquad (\text{附 } 3\text{-}3)$$

式中，$\hat{H}^{\circ}$ 为溶质在真空中的哈密顿量（包括核的束缚项）；Ψ° 和 Ψ 分别为溶质在真空和溶液中的波函数。为了得到有效的哈密顿量，在表面电荷或者边界元素方法中，反应势中的静电势被加入到 $\hat{H}^{\circ}$，用来描述引入的位于空穴面元中心上的点电荷 $\{q_i\}$，溶质被置入到覆盖着电介质的空腔中。

2）Conductor-like screening model（COSMO）[4]。

类导体的溶剂化模型由 Klamt 和 Schüürmann 首先提出，先用于经典计算，然后扩展到量子力学系统[5,6]。COSMO 允许 Hartree-Fock（HF）、密度泛函（DF）和后 HF 能量计算以及 HF 和 DFT 几何优化解决方案；COSMO 方法通过定义分布在空腔表面的表观极化电荷来描述溶剂反应场，其通过施加总静电势在表面上抵消来确定。这种边界条件，适用于导体介质，可以描述分子和金属之间的相互作用（例如，在电极过程的模拟中）和极性液体中的溶剂化。对于后者的应用，类似导体的模型在物理上不如介电模型；然而，导体方法是有吸引力的，因为其边界条件在计算上更简单，尤其是在能量梯度的表达中。一些作者指出，使用极性溶剂的介电常数，导体模型很好地再现了利用介电方法获得的溶质能量和性质[6]。结果证实，使用针对众所周知的可极化连续体模型（PCM）优化的腔参数，COSMO 程序给出的水合能与实验结果非常吻合。但是，同 PCM 模型不同的是，COSMO 采用原子电荷而不是电子密度来计算静电势。由于采用了这个近似，虽然计算速度得以提高很多，但计算的精度也会因此而降低。事实上，非静电溶质–溶剂能量需要准确描述由核运动引起的腔体形状的变化[7]。另外，通过适当考虑这些几何贡献，也可以改善静电能量梯度。

COSMO 中分子自由能：

$$G = G_{es} + G_{cav} + G_{dis} + G_{rep} \qquad\text{（附 3-4）}$$

包含静电势 G_{es}、空腔形成能 G_{cav}、色散项和排斥项 G_{dis} 和 G_{rep}。如果采用相同的空腔，则 PCM 和 COSMO 模型中的非静电项完全相同。

空腔定义：

溶质分子嵌入由以溶质原子或原子团为中心的互锁球形成的空腔中。通过添加一些不以原子为中心的其他球体来平滑表面，以模拟所谓的溶剂表面[7,8]。然后，将腔表面划分成称为空穴面元的小区域，通过在表面上投射每个球体上的多面体的面来获得；完全埋入其他球体的空穴面元被丢弃，部分切割的那些被合适的多边形取代。

参 考 文 献

[1] Lu T, Chen F. Multiwfn：A multifunctional wavefunction analyzer [J]. J. Comput. Chem, 2012, 33：580-592.

[2] Grimme S, Antony J, Ehrlich S, et al. A consistent and accurate ab initio parametrization of density functional dispersion correction (DFT-D) for the 94 elements H-Pu [J]. J. Chem. Phys, 2010, 132.

[3] Tomasi J, Mennucci B, Cammi R. Quantum mechanical continuum solvation models [J]. Chem. Rev, 2005, 105：2999-3094.

[4] Barone V, Cossi M. Quantum calculation of molecular energies and energy gradients in solution by a conductor solvent model [J]. J. Phys. Chem. A, 1998, 102：1995-2001.

[5] Klamt A, Schüürmann G. COSMO：a new approach to dielectric screening in solvents with explicit expressions for the screening energy and its gradient [J]. J. Chem. Soc., Perkin Trans. 2, 1993：

799-805.

[6] Truong T N, Stefanovich E V. A new method for incorporating solvent effect into the classical, ab initio molecular orbital and density functional theory frameworks for arbitrary shape cavity [J]. Chem. Phys. Lett, 1995, 240: 253-260.

[7] Cammi R, Cossi M, Mennucci B, et al. Energy and energy derivatives for molecular solutes: Perspectives of application to hybrid quantum and molecular methods [J]. Int. J. Quantum. Chem, 1996, 60: 1165-1178.

[8] Pascualahuir J L, Silla E. Gepol - an improved description of molecular-surfaces . 1. Building the spherical surface set [J]. J. Comput. Chem, 1990, 11: 1047-1060.

附表　常用物理化学参数

附表 1　本书中一些物理量的单位符号

量的名称	单位名称	单位符号	与原子单位的换算关系
长度	米	m	1a. u. $= 0.529 \times 10^{-10}$ m
质量	千克	kg	1a. u. $= 9.110 \times 10^{-31}$ kg
时间	秒	s	1a. u. $= 2.419 \times 10^{-17}$ s
温度	开尔文	K	1a. u. $= 3.158 \times 10^{5}$ K
力	牛顿	N	1a. u. $= 8.240 \times 10^{-8}$ N
能量	焦耳	J	1a. u. $= 4.360 \times 10^{-18}$ J
能量	电子伏特	eV	1a. u. $= 27.2114$ eV
压强	帕	Pa	1a. u. $= 2.942 \times 10^{-13}$ Pa
电荷	库仑	C	1a. u. $= 1.602 \times 10^{-19}$ C
电流	安培	A	1a. u. $= 6.624 \times 10^{-3}$ A
频率	赫兹	Hz	1a. u. $= 4.134 \times 10^{16}$ Hz
波数	每米	m^{-1}	1a. u. $= 2.194 \times 10^{7} m^{-1}$
电场强度	伏特每米	V/m	1a. u. $= 5.140 \times 10^{9}$ V/cm
偶极矩	德拜	D	1a. u. $= 2.542$ D
磁感应强度	特斯拉	T	1a. u. $= 2.350 \times 10^{5}$ T

附表 2　物理常数

真空中的光速	$c = 2.99793 \times 10^{8}$ m/s
电子电荷	$e = 1.60210 \times 10^{-19}$ C
阿伏伽德罗常数	$N_A = 6.02252 \times 10^{23}$ mol^{-1}
电子静止质量	$m_e = 9.10908 \times 10^{-31}$ kg
质子静止质量	$m_p = 1.67252 \times 10^{-27}$ kg
中子静止质量	$m_n = 1.67482 \times 10^{-27}$ kg
普朗克常数	$h = 6.62608 \times 10^{-34}$ J·s
约化普朗克常量	$\hbar = 1.05489 \times 10^{-34}$ J·s
玻尔半径	$a_0 = 5.29177 \times 10^{-11}$ m
玻耳兹曼常数	$k = 1.38065 \times 10^{-23}$ J/K

附表3　常见溶剂的相对介电常数

常见溶剂	相对介电常数	常见溶剂	相对介电常数
水	78.3553	2-氯丁烷	8.3930
乙腈	35.688	2-庚酮	11.658
甲醇	32.613	2-己酮	14.136
乙醇	24.852	2-甲氧基乙醇	17.2
异喹啉	11.00	2-甲基-1-丙醇	16.777
喹啉	9.16	2-甲基-2-丙醇	12.47
氯仿	4.7113	2-甲基戊烷	1.89
乙醚	4.2400	2-甲基吡啶	9.9533
二氯甲烷	8.93	2-硝基丙烷	25.654
二氯乙烷	10.125	2-辛烷酮	9.4678
四氯化碳	2.2280	2-戊酮	15.200
苯	2.2706	2-丙醇	19.264
甲苯	2.3741	2-丙烯-1-醇	19.011
氯苯	5.6968	3-甲基吡啶	11.645
硝基甲烷	36.562	3-戊酮	16.78
庚烷	1.9113	4-庚酮	12.257
环己烷	2.0165	4-甲基-2-戊酮	12.887
苯胺	6.8882	4-甲基吡啶	11.957
丙酮	20.493	5-无酮	10.6
四氢呋喃	7.4257	乙酸	6.2528
二甲亚砜	46.826	苯乙酮	17.44
氩	1.430	a-氯甲苯	6.7175
氖	1.519	苯甲醚	4.2247
氙	1.706	苯甲醛	18.220
正辛醇	9.8629	苯甲腈	25.592
1,1,1-三氯乙烷	7.0826	苯甲醇	12.457
1,1,2-三氯乙烷	7.1937	溴苯	5.3954
1,2,4-三甲基苯	2.3653	溴乙烷	9.01
1,2-二溴乙烷	4.9313	溴仿	4.2488
1,2-乙二醇	40.245	丁醛	13.45
1,4-二氧六环	2.2099	丁酸	2.9931
1-溴代异丁烷	7.7792	丁酮	18.246

常见溶剂	相对介电常数	常见溶剂	相对介电常数
1-溴代辛烷	5.0244	丁腈	24.291
1-溴代戊烷	6.269	丁胺	4.6178
1-溴代丙烷	8.0496	正丁醇酯	4.9941
1-溴丙烷	17.332	二硫化碳	2.6105
1-氯乙烷	5.9491	顺式-1, 2-二甲基环己烷	2.06
1-氯戊烷	6.5022	顺十氢萘	2.2139
1-氯丙烷	8.3548	环己酮	15.619
1-癸醇	7.5305	环戊烷	1.9608
1-氟辛烷	3.89	环戊醇	16.989
1-庚醇	11.321	环戊酮	13.58
1-己醇	12.51	十氢萘混合物	2.196
1-己烯	2.0717	二溴甲烷	7.2273
1-己炔	2.615	二丁基醚	3.0473
1-异丁烷	6.173	二乙胺	3.5766
1-碘十六烷	3.5338	二乙基硫醚	5.723
1-碘戊烷	5.6973	二碘甲烷	5.32
1-碘丙烷	6.9626	二异丙醚	3.38
1-硝基丙烷	23.73	二甲基二	9.6
1-壬醇	8.5991	二苯	3.73
1-戊醇	15.13	二丙胺	2.9112
1-戊烯	1.9905	反-1, 2-二氯乙烯	2.14
1-丙醇	20.524	反-2-戊烯	2.051
2, 2, 2-三氟乙醇	26.726	乙硫	6.667
2, 2, 4-三甲基戊烷	1.9358	乙苯	2.4339
2, 4-二甲基戊烷	1.8939	乙基乙醇酸	5.9867
2, 4-二甲基吡啶	9.4176	乙酸乙酯	8.3310
2, 6-二甲基吡啶	7.1735	乙基苯醚	4.1797
2-溴丙烷	9.3610	氟苯	5.42
2-丁醇	15.944	甲酰胺	108.94
甲酸	51.1	邻氯甲苯	4.6331
己二酸	2.6	邻甲酚	6.76
碘苯	4.5470	邻二氯苯	9.9949

常见溶剂	相对介电常数	常见溶剂	相对介电常数
碘乙烷	7.6177	邻硝基甲苯	25.669
碘甲烷	6.8650	邻二甲苯	2.5454
异丙苯	2.3712	戊二醛	10.0
间甲酚	12.44	五齿类	2.6924
均三甲苯	2.2650	戊胺	4.2010
苯甲酸甲酯	6.7367	戊基乙烷	4.7297
丁酸甲酯	5.5607	全氟苯	2.029
甲基环己烷	2.024	对异丙基甲苯	2.2322
甲基乙醇酸盐	6.8615	丙醛	18.5
甲基亚硝酸甲酯	8.8377	丙酸	3.44
丙酸甲酯	6.0777	丙醇腈	29.324
间二甲苯	2.3478	丙胺	4.9912
正丁苯	2.36	乙烷酸丙酯	5.5205
正癸烷	1.9846	对二甲苯	2.2705
正十二烷	2.0060	吡啶	12.978
正十六烷	2.0402	仲丁苯	2.3446
正己烷	1.8819	叔丁基苯	2.3447
硝基苯	34.809	四氯乙烯	2.268
硝基乙烷	28.29	1，1-二氧四氢噻吩	43.962
N-甲基苯胺	5.9600	四氢萘	2.771
N-甲基甲酰胺混合物	181.56	噻吩	2.7270
N，N-二甲基乙酰	37.781	硫酚	4.2728
N，N-二甲基甲酰	37.219	反式十氢萘	2.1781
正壬烷	1.9605	磷酸三丁酯	8.1781
正辛烷	1.9406	三氯乙烯	3.422
正戊烷	2.0333	三乙胺	2.3832
正戊烷	1.8371	二甲苯混合物	2.3879
N-十一烷	1.9910	Z-1，2-二氯乙烯	9.2

索　引

彩　图

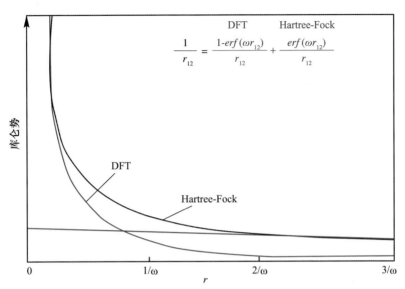

$$\frac{1}{r_{12}} = \frac{1-erf(\omega r_{12})}{r_{12}} + \frac{erf(\omega r_{12})}{r_{12}}$$

图 1–7　长程校正泛函里库仑势与 r 之间的函数关系

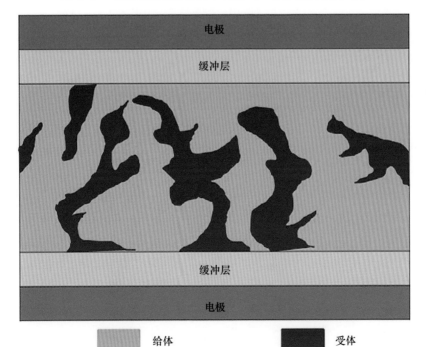

图 2–3　混合本体异质结活性层结构

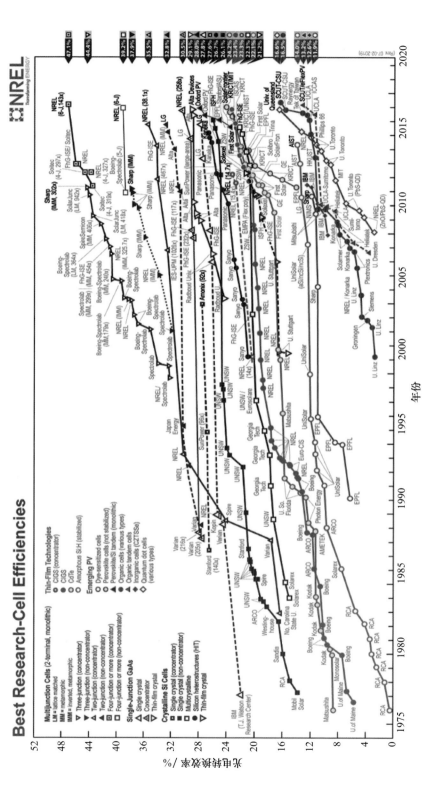

图 2-1 太阳能光伏器件光电转化效率的发展图

（图片来源：https://www.energy.gov/eere/solar/downloads/research-cell-efficiency-records）

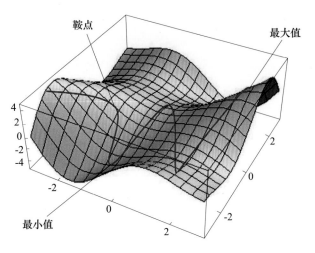

图 3-1　三维势能面

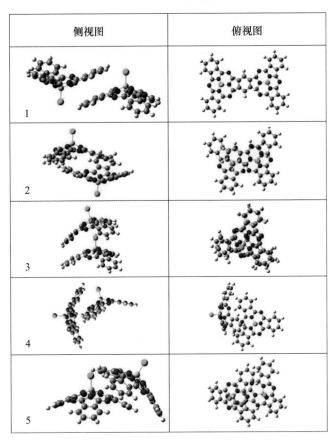

图 3-18　亚酞菁双体的侧视图和俯视图

（颜色：白色—氢，粉色—硼，灰色—碳，蓝色—氮，绿色—氯）

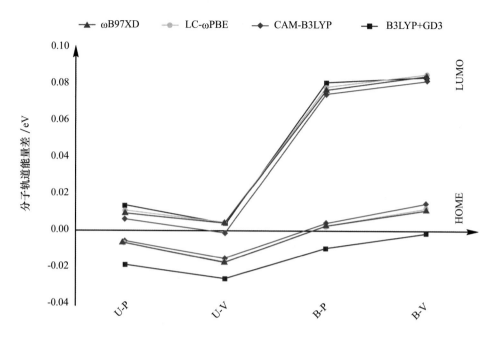

图 3-23　使用单体 SubPC 的 HOMO 能级和单体 C70 的 LUMO 作为参考，计算的四个二聚体构型的前沿分子轨道能量差异

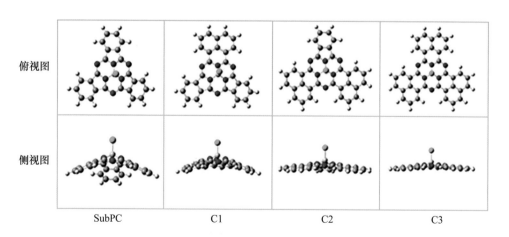

图 3-24　SubPC、C1、C2 和 C3 在气相中利用 B3LYP 泛函在6-31+G（D）理论水平优化获得的分子结构

（颜色：白色—氢，粉色—硼，灰色—碳，蓝色—氮，绿色—氯）

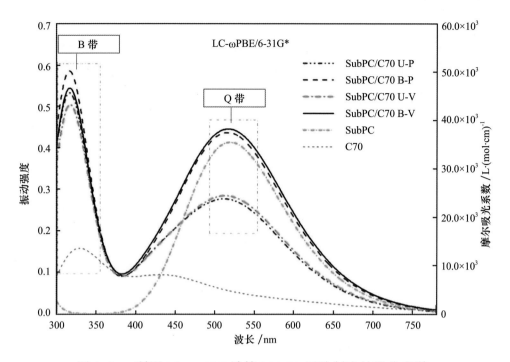

图 3-27　利用 LC-ωPBE 计算 TDDFT 后绘制出的吸收光谱

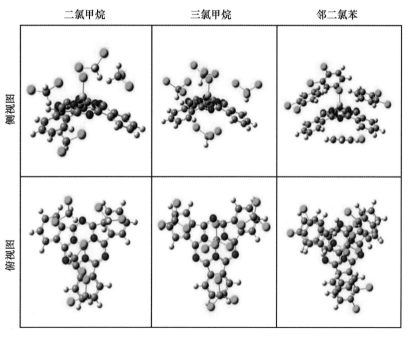

图 3-29　亚酞菁分子与四个溶剂分子形成第一溶剂层

（颜色：灰色—碳、蓝色—氮、粉色—硼、白色—氢、绿色—氯）

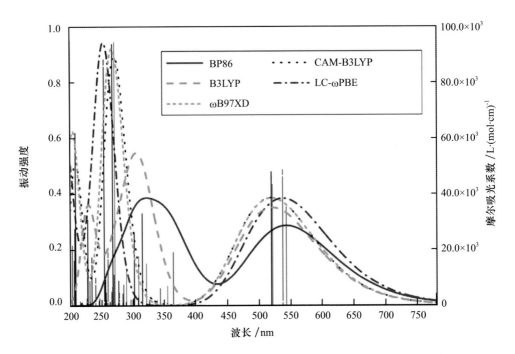

图 3-30　用不同泛函计算的亚酞菁溶于氯仿的紫外 – 可见光谱

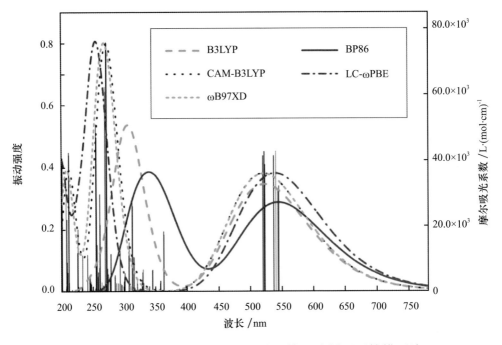

图 3-34　用不同泛函计算的亚酞菁 – 第一溶剂层团簇模型溶于
氯仿溶质的紫外 – 可见光谱

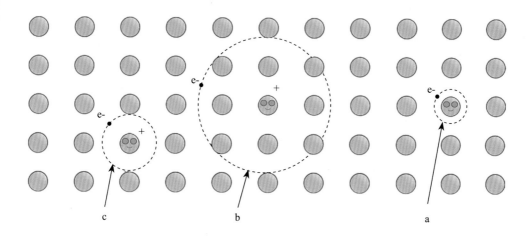

图 4-6　激子类型示意

a—最小半径的 Frenkel 激子，激子半径与晶格常数 a_L 大约相等；b—激子半径比晶格常数
a_L 大得多的 Wannier–Mott 激子；c—Charge-transfer 激子

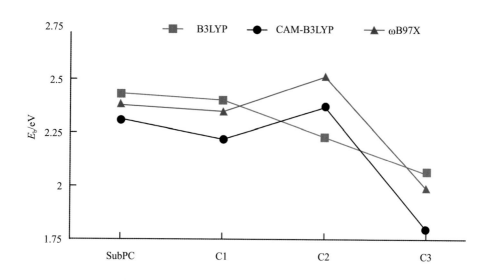

图 4-8　亚酞菁及其扩环衍生物的激子结合能（E_b）

（颜色：绿色—B3LYP，黑色—CAM-B3LYP，红色—ωB97X）

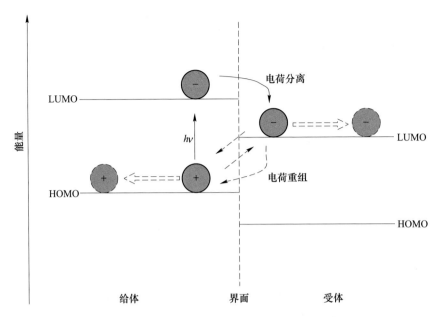

图 5-1　有机太阳能电池工作过程能级示意图

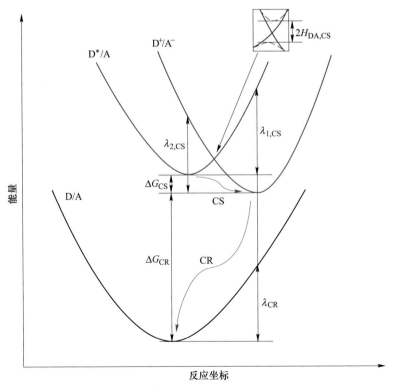

图 5-7　电荷分离和电荷复合势能面曲线示意图

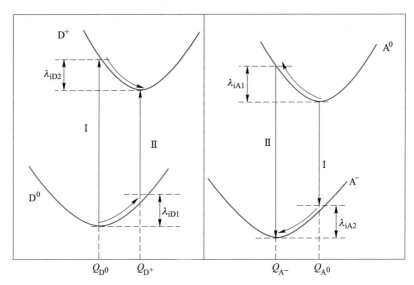

图 5-8　单体模型的内重组能计算：势能面曲线示意图[6]

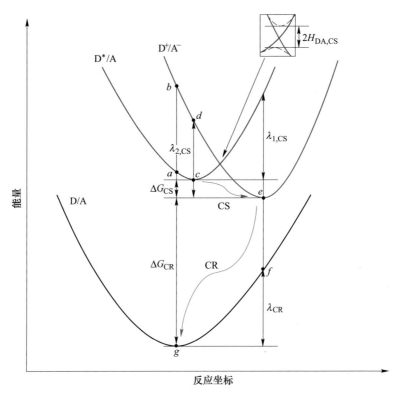

图 5-10　电荷分离和电荷复合势能面曲线以及速率常数计算的主要参考点

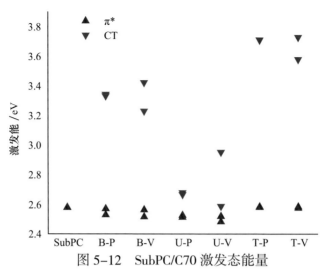

图 5-12　SubPC/C70 激发态能量

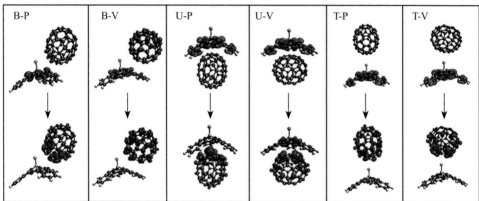

图 5-13　Attachment–detachment 分布图

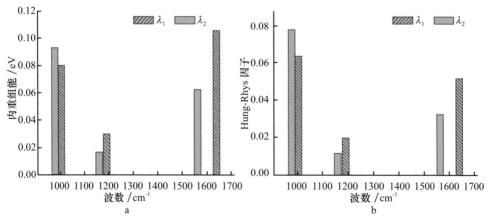

图 5-19　不同频率对内重组能以及 Hung-Rhys 因子的贡献

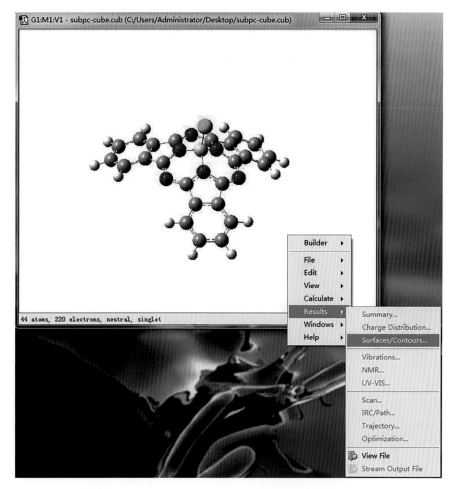

附图 1-2 Gauss View 绘制分子轨道图操作示意图

附图 1-4 亚酞菁 HOMO 示意图   附图 1-6 亚酞菁 LUMO 示意图

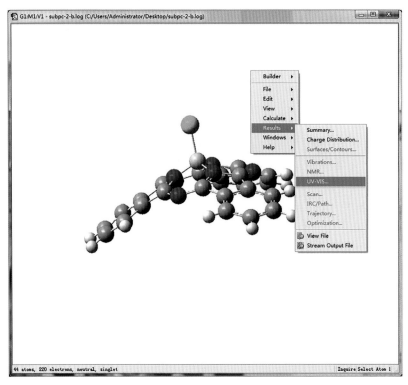

附图 2-1　GaussView 绘制吸收光谱图界面示意图

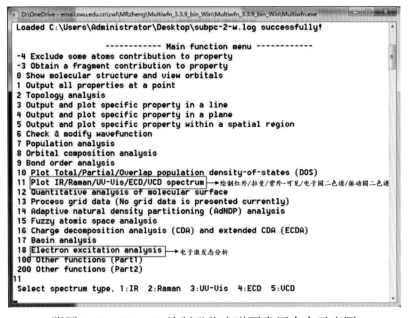

附图 2-6　Multiwfn 绘制吸收光谱图常用命令示意图

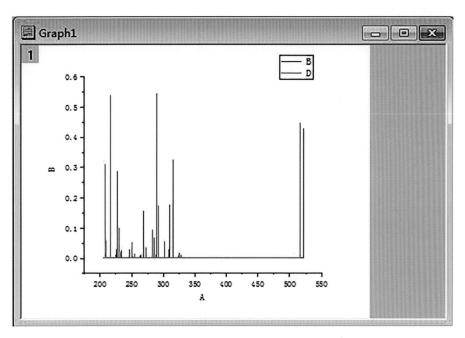

附图 2–17　吸收光谱图振动强度导入示意图

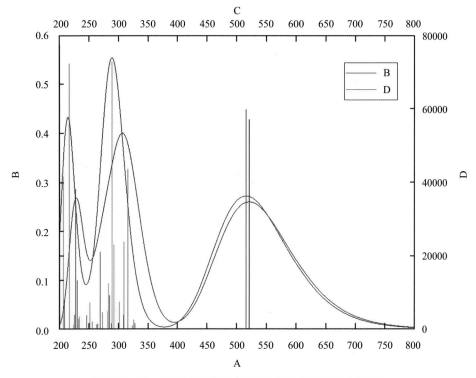

附图 2–20　吸收光谱图直接导入数据草图示意图

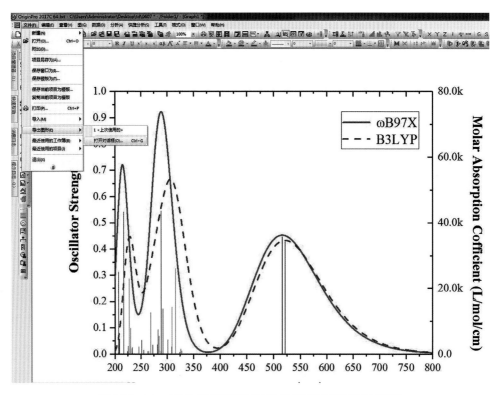

附图 2-24　吸收光谱图绘制及导出界面设置示意图

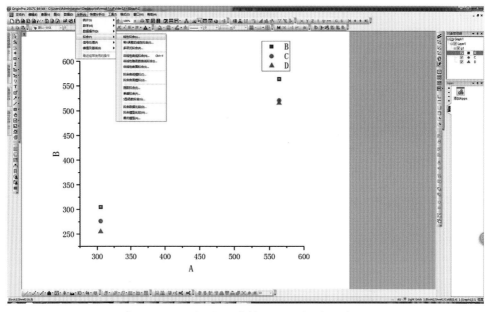

附图 2-33　实验和计算对比图拟合示意图

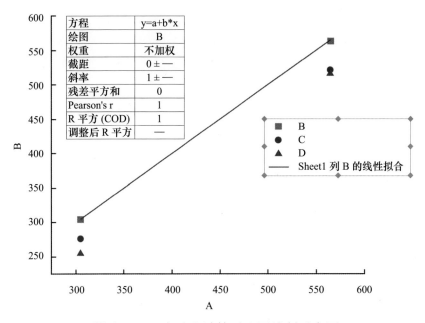

附图 2-34　实验和计算对比图绘制示意图

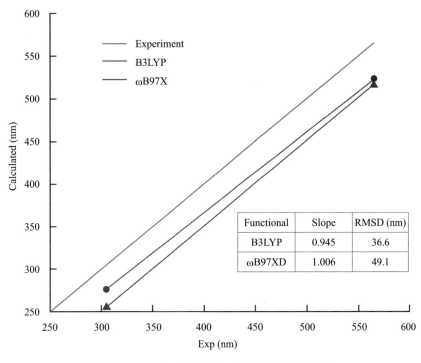

附图 2-35　实验和计算对比图绘制效果图

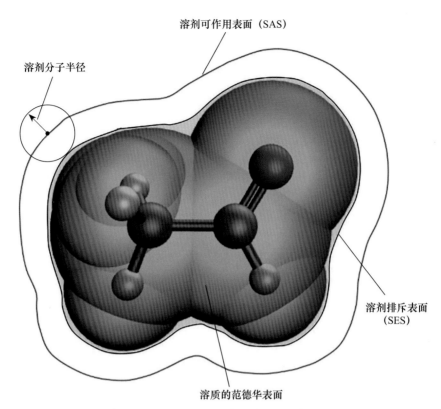

溶剂可作用表面（SAS）

溶剂分子半径

溶剂排斥表面
（SES）

溶质的范德华表面

附图 3-1　极化连续介质模型示意图